目录

Contents

第一章　植物天堂

第二章　稻米之旅

第三章　茶之征途

第四章　竹之文明

第五章　桑之丝路

第六章　果之命运

第七章　大豆奇迹

第八章　本草中国

第九章 园林之韵

第十章 花卉之美

第一章

植物天堂

在亿万年的光阴中，植物包容了众多的生命，塑造了人类今天的家园。

在中国，已认知的植物有35000多种，占世界植物总数的十分之一。这些来自亿万年前的生灵，仰山之高，倚水之长，织就着炎黄子孙繁衍的摇篮。

它们是一颗菽粟与一粒稻谷的伟力，它们是一片桑叶与一种昆虫的相遇，它们是中国人的衣食住行，它们是东方的文化风骨。它们跨越时间和空间，用自己的生命延续万千生命，也影响着世界的颜色和气味。让我们一起进入中国的植物世界。

探访中国植物，从神农架出发

神农架原始森林海拔超过3000米，位于湖北、陕西、四川三省的边界，大巴山脉与秦岭山脉交界地，是中国乃至东亚常绿阔叶林的典型分布区，也是我国南部亚热带向北部温带过渡的地带。生长在神农架原始森林的植物有4000多种，每小时释放的氧气量约等于300人一生的需求量。

1月，神农架原始森林进入了全年最冷的时期。气温骤降，风雪来袭，一种势不可当的自然力量把这里变成了一个冰封的世界。

冰雪袭击了生长在山顶的箭竹，它们承受着几倍于自身重量的压力；高山杜鹃花，不得不赶在风雪来临前，就把叶子蜷缩起来；冷杉树，紧密站立在一起，共同抵御强风来袭。

当大地一片冷寂，万物蛰伏的时候，在大山深处，一群蓝脸的小家伙——金丝猴正在觅食。相比那些无法移动的植物，金丝猴凭借灵活敏捷的身手，可以自由迁徙，但是，它们依然要面对冬季食物匮乏的艰难。树皮几乎成为它们唯一的食物来源，维持着金丝猴家族的生命，帮助它们度过漫长的寒冬。寒冷对于生活在神农架的生灵而言并不陌生，但是要扛过数月的冰雪期，仍然是一场生死考验。

但春天终将到来，万物终会苏醒。

大山深处的金丝猴。

如果把地球的46亿年浓缩为1天

我们的地球形成于46亿年前，如果把这漫长的历程浓缩为1天，那么，我们人类在最后3分钟才登场。在人类出现之前，中国大地经历过怎样的沧桑巨变呢？让我们从一次时光旅行开启植物天堂的故事。

地球的午夜，是在火山喷发中度过的；到了凌晨三四点，在海洋深处有了生命的迹象；清晨6点多，更加壮丽的生命乐章开始了：一种蓝藻细菌，学会利用二氧化碳、水和阳光，制造生命所需的能量，同时释放出了氧气，这个被称为光合作用的过程，为植物世界打开了大门。

蓝藻细菌完成了光合作用的全过程，为植物世界打开了一扇门。

此时，中国的陆地也逐渐从海洋露出，形成岛屿。但在相当长的时间里，陆地十分荒凉，没有生机。岛屿上的岩石很坚硬，无法储存水分，这便是当时陆地环境的写照。

直到晚上9点多，也就是大约4亿年前，一些矮小的生命开始征服陆地。它们用一种近似于根的构造，固定在岩石上。苔藓是陆地上最早的拓荒者之一，它们死后的身体，形成了肥沃的土壤，让更多的植物可以在这里生存。从此，绿色成为植物天堂的底色。

随着植物的登陆，陆地变得热闹起来。昆虫以植物为食，是在植物天堂安家的第一批居民。

3亿年前，蜻蜓成为最早征服蓝天的生物。

植物也向往蓝天，为了不再匍匐地面，它们要学会站立起来。蕨类家族正是最早的成功者，其

陆地最早的拓荒者——苔藓。苔藓死后形成肥沃的土壤，让更多植物得以生存，绿色便成为植物天堂的底色。

昆虫以植物为食，是第一批在植物天堂安家的居民。

中的一个分支——桫椤，是中国现存最古老的植物之一。

让蕨类家族站立起来的是贯穿身体内部的纤维组织，它能起到支撑身体并运输营养物质的作用。这种被称为维管束的结构，类似于人体的血管，借助这一武器，植物便可以通过长高来竞争阳光。不同的身高，塑造了一个参差错落的植物世界。

桫椤：

桫椤科，桫椤属。

中国现存最古老的植物之一，恐龙时代绝大多数的桫椤已经变成了地下的煤，只有极少数繁衍到今天。

桫椤的维管束结构助力它长高来竞争阳光。

桫椤传宗接代的秘密，就藏在叶子的背面。在整齐排列的球体中，有成百上千个负责繁衍的细胞，它们被称为“孢子”。当孢子成熟时，便会陆续弹出，这是生命的重要一跃。但接下来，孢子必须找到水作为媒介，才能完成受精，成功繁衍。

随着中国的陆地不断抬升，大陆框架初步形成，气候越来越干燥，水环境不断减少，昔日广阔的蕨类森林在植物天堂渐渐被取代。如何适应变化的环境，是植物不得不面对的问题。

桫椤传宗接代的秘密之一——孢子。

水杉：

杉科，水杉属。

水杉是从环境变化中存活下来的植物之一，它脱离了对水环境的依赖，这源于繁衍上的一次重要演化。水杉悬挂在枝头的球果便是它的后代，它在孕育着整个种群的未来。从春天跨越到秋天，水杉的叶子变成红色，球果也变了颜色，它已经成熟，即将离开母体。

黑暗被打破，迎来生命中的第一道光。

随着球果开裂，新生命降临，它们是进化史上最奇妙的发明——人类称之为“种子”。种子是一株植物最干燥的部分，此刻它正在休眠。外面坚硬的种皮起到保护作用，里面有母亲准备的丰富营养，将伴随它之后的路。种子被风带走，离开母亲的视线所及，飞向广阔的天地。它会遇到恶劣的气候、不利的环境，种子要忍受漫长的等待。

当遇到合适的环境，它便会苏醒、萌发。仅仅有几毫克的种子，却可以长成几十米高的大树，随着种子的扩散，中国陆地上的森林越来越繁盛。

接下来，植物天堂将迎来一种更有效的繁衍策略。

一株生活在 1.45 亿年前的植物，在漫长的时光旅行中干涸，变成化石，被埋藏于中国辽宁省的地下。科学家在它的顶部发现了植物的重要器官——花，从此它便有了名字——“辽宁古果”。它是地球上迄今为止有确切证据的、最早的开花植物。它的子孙后代，今天已经成为植物天堂的主角。

一株九翅豆蔻，做好了繁衍的充足准备：携带精细胞的花粉，以及犒劳传粉者的花蜜。蜜蜂成为第一个造访者，它对黄色有着天生的热情，花瓣上的黄色斑纹引导着它进入花的内部，而蜜蜂身上的茸毛，在采蜜时可以轻松地把花粉粘住，它会把花粉带给另一株九翅豆蔻，完成传粉

球果。

辽宁古果：
迄今世界上最早的被子植物化石。图片为复原图。

使命。花朵有时候要对更多昆虫敞开怀抱，毕竟花粉的活力是有时限的。也难免有意外：一只“偷猎者”用长长的口器，从花瓣外侧刺入偷蜜，却不想以传粉作为交换。而花朵和昆虫也正是在不断地博弈中，才逐渐达成了互惠互利的合作。

伴随花朵的绽放，已经存在于世 2 亿多年的昆虫，迎来了新的角色：作为主要传粉者，庞大的昆虫家族不断扩张。和动物的协同进化，也塑造了开花植物的强大。它们是植物界中进化性、适应性最强的类群，今天中国有超过 3 万种植物会开花，缤纷色彩蔓延到各个角落，一个更加壮美的植物天堂形成了。

九翅豆蔻：姜科，豆蔻属。

离天空最近的植物

就在开花植物不断繁盛的时候，中国的地理版图也迎来了一场巨变。

大约 6500 万年前，印度板块和欧亚大陆板块剧烈碰撞，一个新的高原开始隆起，它就是青藏高原，被称为“世界屋脊”。

青藏高原平均海拔达 4000 米左右，拥有世界上最高的山脉—— 喜马拉雅山，它也是中国面积最大的高原，占中国陆地总面积的四分之一以上。青藏高原的出现，彻底改变了中国自然地理的样貌。

随着青藏高原的隆升，西高东低的三级阶梯渐次形成，构成了今天中国的基本地理框架。纵横交织的山脉、低缓的丘陵、广阔的平原等复杂多样的地貌格局，发源于青藏高原的黄河、长江贯通东流，在山川河流之间，形成了多样的自然气候条件，带来中国植物物种的极大丰富，中国的植物版图就此拉开了新的帷幕。

中国已知的 3 万多种植物，按照在陆地的自然分布，几乎囊括了地球上所有主要的植被类型。高原、荒漠、草原、森林，它们就像是植物天堂的不同王国，每个王国独特的生态环境，决定着不同的植物分布，呈现出迥异的面貌。

其中位于中国西南部的青藏高原区，是海拔最高的植物王国，那里

球花报春：
报春花科，报春花属。

大花黄牡丹：
芍药科，芍药属。

紫玉盘杜鹃：
杜鹃花科，杜鹃属。

藏合欢：
豆科，合欢属。

虾脊兰：
兰科，虾脊兰属。

横断山脉。

会有怎样神奇的植物呢?

在青藏高原东南缘的横断山脉，海拔接近 5000 米，有一种特殊的地貌——流石滩，它形成于千万年来强烈的寒冻风化，岩石不断崩裂成碎石，滑落、堆积在山脊上。

看起来一片荒凉的流石滩，却隐藏着生命的奇迹——植物扎根在碎石深处的稀薄土壤里，从石缝中生长出来。流石滩物种间彼此远离，它们以遗世独立的姿态塑造着中国海拔最高的植物花园。

这片位于森林草甸和冰川之间的灰色地带，也是生存条件最为恶劣的生态系统。流石滩全年平均温度低于 0℃，半年以上被冰雪覆盖，每年只有几个月的时间迎来短暂的万物复苏。

当温暖湿润的西南季风从印度洋刮来，青藏高原的夏季如期而至，巨大的水汽化作降雨散落在流石滩上。雨水顺着碎石的缝隙，滋润着植物的根系。但是平均四五千米的海拔高度，即便在夏季，气温也随时有可能降到零下，冰雨从天而降。

棉毛结构是雪兔子家族的共同特征，这种结构不仅防寒，还可以抵御过多的雨水。水母雪兔子被厚厚的棉毛覆盖，让自己有了保暖的外衣。它们也是分布海拔最高的开花植物之一，在极端的环境下，它们用矮小的身体，走到了其他植物不曾到达的高度。

当积云被风吹散，迎来一个晴天。温度回升，花朵的机会来了。

苞叶雪莲是雪兔子的近亲，同为菊科风毛菊属。它为自己的花设计了一个温室，用半透明的苞片储存阳光热量，加速花的发育。温室也为传粉者而准备。熊蜂舒适地待在温暖挡风的苞片里，并且如愿以偿地获取了美食，苞叶雪莲的繁衍之路，也就完成了一半。

青藏高原严酷的环境，限制了传粉昆虫的多样性，熊蜂几乎成为这里最重要的传粉者。在植物分散生长的流石滩上，它们要尽快找到特定物种的花朵，完成彼此间的合作。开花的季节很快就要结束了。而对于流石滩的植物来说，时间同样宝贵。

雪兔子一生只有一次开花的机会。为了积蓄开花的力量，它们曾经在碎石之下蛰伏长达数年。而一旦开花，便进入了生命倒计时。这是一场生命的冒险之旅。气温持续下降，寒

水母雪兔子：

菊科，风毛菊属。

一片荒凉的流石滩隐藏着生命的奇迹。

毡毛雪莲：
菊科，风毛菊属。

苞叶雪莲：
菊科，风毛菊属。

流就要来了。雪兔子裹着棉毛外衣，用最后的生命能量呵护着种子的成长。

流石滩迎来了第一场雪，大地进入了漫长的霜冻期。它们的种子已经散落在这片广阔天地，等待着又一轮生命的冒险之旅。

在高原的隆起中，只有极少的物种能经受住考验，在海拔 4000 米以上、接近雪线的地方生存下来，为了适应环境，它们大多具备抗寒、抗紫外线的能力，独特的生存策略让它们成为离天空最近的植物。

青藏高原进入秋季，高山的色彩更加丰富。高原牧场的动物准备离开这里，它们要躲避严寒，往更温暖的低海拔地区迁徙。

青藏高原并不都是高寒地带，还有藏于雪山之下的另一个世界。那里的物种畏惧寒冷，需要足够的热量才能生存，但依然可以在青藏高原找到栖息地。它们生活在海拔只有几百米的喜马拉雅山脚下，是印度洋暖湿气流进入高原的第一站。植物们享受着充足的水分和热量，拥有和高海拔植物截然不同的特性。

青藏高原是一个垂直分布的植物王国，海拔由低到高，植物由多到少，从喜热到耐寒。这是喜马拉雅海拔的力量，也是植物多样性极致的体现。

是雨林，也是战场

青藏高原的隆起，也影响着其他的植物王国。在中国西南边境的云南省西双版纳，北边有高原做屏障，挡住了寒流，南边受到印度洋西南季风的影响，形成了一片原始的热带雨林。这里是植物自然分布最密集的地方，有约六分之一的中国植物栖息于此。

生活在雨林中的一只甲虫，在一片海芋的叶子上徘徊已久。它准备饱餐一顿，殊不知，这美餐背后却隐藏着陷阱。

叶甲是一种非常敏感聪慧的小昆虫，总是会出现在海芋叶的背面，每天它都有一个巨大的几何图画工程，在海芋叶上画圆圈，然后把圈起来的叶片吃掉。为什么它不直接啃，而要画圆吃掉圈中的叶子呢？

海芋属于雨林中非常典型的巨叶植物，叶子对于很多昆虫来说，是获取能量的重要食源之一，而它的巨叶尤其醒目。在漫长的演化中，海芋经受过来自很多昆虫、动物的侵扰，为了防御它们，甚至演化出了毒素。一旦叶片被咬，毒素就会沿着叶脉输送，将取食者置于死地。

森林真是个充满危险的地方。

但叶甲怎么没有被毒到？因为魔高一尺，道高一丈。

当海芋感知到被啃食时，会从叶脉传送毒素至啃食的位置，阻止昆

叶甲与海芋叶的战争。

海芋叶。

海芋：天南星科，海芋属。

虫继续啃食。但是叶甲利用这个时间，先用下颚切断叶脉，破坏毒素传导。咬一圈儿后，就待在圈中享用海芋的叶片。这么多形状，为何要选择画圈？因为几何图形中，在周长相等的情况下，圆是面积最大的图形。还有一个可能的原因是，这么做能 360 度全面阻隔海芋从叶脉传输毒素。

甲虫获得了鲜嫩多汁的美餐。在吃面前，物种进化的决心是惊人的。海芋的防御战，在这种小昆虫面前彻底失效了。

这就是热带雨林，物种之间的竞赛驱动了各自的演化，呈现出一个变化无常又异彩纷呈的世界。

虎舌兰：
兰科，虎舌兰属。

钻喙兰：
兰科，钻喙兰属。

当白天即将结束，一些植物开始收拢叶片。对光线变化的感知，控制着植物的生物钟。进入夜晚，雨林逐渐热闹起来。一些昆虫开始羽化，这是它们成年的标志。在没有冬季的雨林，物种生长与繁衍的时钟被拨快了。它们必须抓紧时间完成绽放。

在西双版纳雨林有约 4000 种植物会开花，这无疑是一场视觉与味觉的竞赛，每种植物都要有一技之长。

雨林迎来了新的一天，在整片雨林中第一个享受到阳光的植物是一棵高达 80 米、接近 25 层楼高的望天树。获得更充分的光合作用，意味

使君子：
使君子科，使君子属。

梭果玉蕊：
玉蕊科，玉蕊属。

箭根薯：
蒟蒻薯科，蒟蒻薯属。

望天树：

龙脑香科，柳安属。

寄生者对寄主的绞杀。

着可以获取更多能量，这让望天树成为雨林中最有优势的树种之一。

当阳光从密闭的树冠中渗透下来，整片森林被激活了。热带地区充足的光能，塑造了雨林超高的物种密度，但也让生存空间成为最稀缺的资源，为争夺一隅之地，每个物种都要投入战斗。

最富有生机的雨林王国，也是最残酷的战场。

一棵大树已经进入了生命倒计时，杀手是寄生在它身上的另一种植物——锥叶榕。它的种子曾默默地扎根在这棵大树上，获取养分，壮大自己。现在，它已经足够强大——它的武器是气生根，一种可以从空中下垂生长的特殊根系。它一边生长一边缠绕寄主，一旦和地面接触便会形成独立根系，阻断寄主的养分传输，这是雨林特有的绞杀现象。随着绞杀加剧，寄生者更加强大，寄主日渐衰弱，被其他动植物和真菌进一步侵蚀，加速了它的死亡。最终，只剩下绞杀者独自生存。

在西双版纳，榕树是唯一有绞杀能力的植物。对于弱者，锥叶榕是杀手，是死神，而对于整个雨林，它们是加速更新的关键力量。在它们纵横交错的结构上，储存了雨水和泥土，又成为其他附生植物的温床，形成了一片空中花园。在拥挤的雨林，植物们释放着大量氧气，维持着大气中的碳氧平衡，被称为地球之肺。

与西双版纳相似的雨林景象，还分布在中国的海南省、台湾省南部和藏东南的局部。

梭梭：风沙带不走的『卫士』

新疆地处中国的干旱区，在强风的不断侵蚀下，形成了特殊的雅丹地貌。

沟壑之间的土丘，是地质变迁遗留下的产物。几千万年前，这里曾是一片湿地，丰沛的水量和湿润的气候造就了一片繁盛的森林。青藏高原的隆起，阻挡了来自东南方向的暖湿气流，气候变得干旱，改变了中国西北地区的样貌。大片森林消失，黄沙取代了湿地，堆积成了沙漠。

位于新疆维吾尔自治区北部的古尔班通古特沙漠是中国境内离海洋最遥远的地方。水成为沙漠最稀缺的资源，但这里却并非

雅丹地貌。

新疆，古尔班通古特沙漠。

生命的禁区。在这片将近 5 万平方公里的沙海中散落着 100 多种植物。

耐旱植物梭梭便是其中之一。

为了适应干旱的环境，梭梭利用纤细的嫩枝代替了叶片进行光合作用，在获取阳光能量的同时，还减少了水分的蒸发。到了秋天，梭梭开始放缓生命的节奏，为迎接寒冷的冬季做准备。

起风了，风帮助荒漠植物传播花粉和种子，但是也将一些植物推向了死亡边缘。

一棵树龄几十年的老梭梭，风带走了它脚下的沙，将它的根裸露在外。长达十几米的根，曾经深入地下寻找生命之水，现在它已经干枯了。它身体上的每一道裂痕，是与风沙长期博弈留下的印记。每一株梭梭，发达的根系可以固定 10 平方米以上的土地，当它们连成片时就可以阻挡风沙，牵制沙丘的流动。但在沙漠深处的植物是孤独的。老梭梭放弃对枝条的水分输送，让它们枯死。它要把需求降到最低，把所有的营养和水分都留给根系。只要根还活着，它就仍有机会。只需一点水分，就能再次恢复活力。

这样的生命力贯穿梭梭的一生。当它还是一粒种子时，土壤里微乎其微的水分就可以让它在几小时内迅速萌发，它渴望水，却不过多索取。

无论是如何贫瘠的环境，荒漠植物都可以从土地中汲取养分，让自己生存下来。

中国西北地区以沙漠和戈壁为主的荒漠地带，占中国陆地面积的八分之一左右，这里生活着几百种荒漠植物，它们用极强的抗旱能力，守护着荒漠王国，维持着自然和生态的平衡。

梭梭：
藜科，梭梭属。
梭梭树用嫩枝代替叶片进行光合作用，有“沙漠植被之王”“沙漠卫士”的美誉。

梭梭种子的萌发。

珙桐：珍贵的活化石

从荒漠王国往东是温带草原区，气候在半干旱和半湿润之间，草本植物和少数灌木成为这里的主角。而中国的东部季风区，从北到南，温度逐渐升高，降雨递增，形成了截然不同的森林类型。

其中位于北纬 30 度左右的区域，是中国极其特殊的亚热带常绿阔叶林。

它的独特在于，世界同纬度地区几乎都是荒漠或草原，在中国却出现了一片植被茂盛的森林。这依然得益于青藏高原的隆起，它改变了亚洲的大气环流，加剧了来自太平洋的东南季风，从此亚热带季风气候在这一区域出现了，原本的荒漠地带变成了郁郁葱葱的植物王国。

有一种极其特殊的植物就生长在这里——珙桐，它将一部分绿叶演化成苞片，随着花序成熟，苞片从嫩绿色逐渐变成黄白色。白色的苞片随风飞舞，等待着过往的昆虫为它驻足。西方植物学家称它为“中国鸽子花”，将它引种到西方园林，而它引起世界的关注不仅因为美丽的花形，还因为它独特的身世。

珙桐是古老的开花植物，祖先曾遍布北半球，直到 200 多万年前，地球开始大幅度降温，全球有三分之一的大陆被冰雪覆盖，地球四季寒彻，

珙桐：

蓝果树科，珙桐属。

珙桐美丽的白色苞片，吸引了昆虫为它传粉，也引起了人类对它的关注和喜爱。西方植物学家称它为“中国鸽子花”。

大片森林消失，大量生物死亡甚至灭绝。这次全球降温，被称为第四纪冰期。

当冰期降临，中国复杂的地形、险峻的高山，抵挡了北方大陆冰盖的破坏，成为众多古老生物的避难所。当冰期结束，天气开始回暖，地球的春天来了。

珙桐在中国幸存了下来，延续着种群的古老基因。

除了珙桐之外，很多植物曾广泛分布在全球，现今已大为衰退，只在很小的区域得以幸存，它们被称为孑遗植物，是极其珍贵的活化石，其中有几百种留存在中国。

第四纪冰期部分得以幸存的孑遗植物。

鹅掌楸：
木兰科，鹅掌楸属。

金花茶：
山茶科，山茶属。

银杏：
银杏科，银杏属。

苏铁：
苏铁科，苏铁属。

水杉：
杉科，水杉属。

桫椤：
桫椤科，桫椤属。

第四纪冰期也给中国大地带来了一个重要影响。干冷气候让来自西北的沙尘不断沉积在黄河中游，形成了平均厚度达 80 米的黄土高原。在这里，植物与一个新物种——人类，相遇了。

大约在 1 万年前，生命力顽强的野草，走进了我们祖先的生活。经过上千年的驯化，诞生了一种粮食作物——稷，也就是食用的黄米和小米。和它的祖先一样，稷耐旱的特性，使它可以在北方地区被大量种植。黄色的土地给予它生命，奔腾而过的黄河浇灌着它，被人类驯化的野草，结出了金黄色的穗子。在几千年中，它是北方最重要的食物来源。

几乎是同一时期，水稻的驯化发生在中国南方的长江流域。与干旱

中国长江流域的稻作农业。

的北方不同，这里温暖湿润，依水发展起来的稻作农业逐渐形成并扩大。在中国大地上，两种不同的农业种植模式出现了。

从肆意生长的植物到被驯化管理的作物，人类和植物，彼此改变了命运。人类的生活节奏跟随着被驯化的作物，严格地按照时令耕地、播种、收割，从此告别了狩猎的流浪。人类，因植物而定居。植物，随人类脚步而迁徙。在这片大地上，他们再也没有分开过。

从那以后，一批批植物逐渐向我们的祖先走来：

8000 年前，大豆用一粒种子，饱满了无数生命；

7000 年前，桑树走来，成就了未来的丝绸之路；

4000 年前，桃树、柑橘用果实，丰富着人们的味蕾；

2000 年前，茶树走出森林，用一片树叶滋养万千生灵……

从衣食到住行，从药用到审美，一个丰富的植物天堂孕育并陪伴了一个文明的诞生。

这个植物的天堂，不仅塑造着中国，也在影响着世界。曾经是，未来还是……

第二章

稻米之旅

在中国已知的 35000 多种植物中，这种草外形并不抢眼。在 1 万多年前，这种草成为人类的朋友。在今天，它的后代带着崭新的样貌走遍了全球。

站在 1 万多年时光的两端，它们彼此瞭望，形态迥异，却又分享着太多共同的基因。

如果它们和人们一样，是否会思考这样的问题：我们从哪里来，我们要到哪里去？

与人类相遇

每个生命的幼体，都会受到自己种群最好的照料，因为它们承载着种群的未来。

人类的婴儿在准备脱离母乳，开始品尝人类的多样美食之前，需要让肠胃逐渐适应饮食上的改变。由稻米加工而成的婴儿米粉，是一种被广泛认可的婴儿辅食。稻米营养丰富、成分温和，在全球范围内，为人类的婴儿打开了饮食的大门。

稻米是人类使用的称呼，对于水稻来说，它们是稻种，是自己的孩子，是传承的希望。

温润的水被种子吸收，种子中的生命欲望被触发。嫩芽挣脱种皮的束缚，探了出来，生命的轮回就此开启。

生命初期的水稻，完全依赖稻种中的能量生存。它必须在这些能量耗尽之前，长出足够的叶片。

几天之后，这些稚嫩的小生命还只有几厘米长，却已经有了用来吸水的根，有了用来进行光合作用转换能量的叶片。它们已经是独立的新生命了，种子也完成了它传承的使命。

1 万多年前，这些水稻的祖先在人们眼中还是一种草。如今，它被

稻米。

水稻。

普通野生稻：禾本科。

野生稻种子前端的芒刺。

人们称为野生稻。在自然界中，植物为了传承后代倾尽一切。野生稻的种子在成熟时会变成低调的褐黑色。一旦成熟，种子会在最短的时间内脱落，埋身于泥土里，躲避动物垂涎的目光。除了躲避，野生稻的种子还会战斗。种子前端长长的芒刺仿佛在威胁着要刺破偷食者的喉咙。这些芒刺上还有倒钩，让它有可能钩住过往的动物，去向远方。

这是野生稻繁衍后代的本能，也是它们主动扩张的野心。

也正是这样，1 万多年前，它钩住了人，迎来了与人共舞的序曲，变成了人们熟悉的栽培稻。

水稻：
禾本科，稻亚科，稻属，稻种。

现代的栽培稻，因为人类的需求，种子不再长芒刺，不再主动脱落，而是等待人们收割。站在水稻自身的角度，它的种子被置于危险之中，需要依赖人类的保护。而恰恰是栽培稻对人的依赖开启了它与人合作的旅程。在人类眼中，它们不再是草，它们真正成为稻，成为自己的伙伴，可以携手离开熟悉的环境一起去冒险。

水稻想离开故土，并没有这么容易。沼泽地是一个特殊的环境，过剩的水资源会淹没植物的根部，致使根部缺氧，甚至腐烂。

野生稻恰恰是少数能够适应沼泽地环境的植物，在淹水环境中生长了千万年之后，沼泽地造就了它对水的依赖。水稻对水的依赖，使得它无法轻易跟随人类迁徙。要想带着水稻一起走，人类需要带上水稻的整片家园。

朱鹮是国家一级保护动物，这些喜爱在湿地生活的鸟类，被稻田中

朱鹮：国家一级保护动物，喜爱在湿地生活。

干净的水源吸引，也在水田旁安了家。

6000 多年前，水田开始出现在广袤的中华大地上。每年，在水稻生长的 100 多天的时间内，大面积的土地被人们用活水灌溉，成了水稻专属的家园。

有了水田，水稻得以随着人类一起迁徙。水田成为人和水稻迁徙的足迹，这个足迹几乎遍布全世界。在意大利，人们修建了运河，将波河的水引入大片的稻田。包括在非洲的马达加斯加，也有水田的足迹。从中国出发，水稻已经在全球的 113 个国家扎根，水田也改变了那里大地的容颜。

非洲马达加斯加的水田。

在 1300 多年前，盛唐时期，有一些从北方南下的民族迁徙到了如今中国的云南境内。他们无力与当地人争夺低洼河谷中珍贵的淡水资源，要想活下去，他们只有一条路——征服高山。人能够靠双腿走上大山之巅，但是水稻要如何应对高山上的生命挑战呢？

能在这里存活下来的每一种植物，都在上亿年的演化中，找到了生存的技巧。根深，探寻土壤中的每一丝水分。叶茂，接收每一线光源。寄生，依附于强大的树木。而水稻又能依靠什么呢？

当人类决定带着水稻走上高山的时候，就知道自己面对的巨大挑战。他们需要在没有河流的大山之巅找到灌溉水田所需要的大量水源。直到今天，这里的人们依然感恩大山的收留。每年种植水稻之前，他们都会将自己的感恩唱给树林听。因为在他们朴素的观念中，树林与水之间有着某种神秘的联系。

其实，透过科学的认知，人们发现，水源的秘密藏在大自然的运作规律中。

水雾脱离重力的束缚，将水资源搬上了高山，植物给了水雾落脚的理由。

人们用最原始的方法修建水沟，汇聚和分配树林中流出的珍贵水源。在 1000 多年的时光中，这里的人们修建了 4000 多条水沟。有了这样的劳作，他们才能在高山之上模拟沼泽地，为水稻打造出空中家园。人类将倾斜的山体改造成由无数小块平面组成的阶梯，水流在每一级阶梯上驻留的同时，形成了稻田。正是踩着这些阶梯，水稻走了上来。

梯田是一个生态系统，在自然的水循环体系中，人类将水稻和它的家园嵌入了进去。

梯田。

如果没有森林草木涵养水源，这种生态系统就无法持续运转。这些树林，依旧占据着山区 75% 以上的面积。大自然让出了一点空间，收留了人和水稻。人的节制和感恩，维护了整个生态系统的健康运行。在这片家园中，人们付出劳作，也祈祷大自然的收留和水稻的馈赠。农耕文明中人与植物的关系，不是剥削与索取，而是与天地共存，与万物共生。

稻田世界里的强大对手

在发芽的30多天后，水稻从幼苗长成茁壮的“少年”，它们开始感到拥挤。然而，目前秧田中的空间已经被瓜分干净，无法想象更多的茎秆、叶片生长出来后的情景，仿佛一场惨烈的竞争即将开始……

好在经过几千年的相处，人们已经掌握水稻此时的需求，人们按照成年水稻所需要的空间，将幼苗以一定的间隔移栽，这就是插秧。

插秧，对人来说是辛苦付出，对于水稻生命来说，则是一次冒险。准备启程的稻苗被泡在水中抓紧补充水分，这对它们至关重要。此时的

插秧。

稻田。

叶片还不知道自己的根已经离开了水源，依然在进行着光合作用，也在持续消耗着水分。

生命的倒计时开始了。

山路陡峭，离这些稻苗的新家还很远。跑起来，再快一点。浇一点水，希望水稻坚持得久一些。

烈日下坚持的回报就是宽敞的新家，经历了险境的水稻重新回到水中，享受舒展的新生活。

1 个月左右的时间内，稻田中的空间几乎被水稻植株填满，仿佛是一片片水稻的王国。但是，看似安逸的稻田中，其实危机四伏，宿命的敌人以新的面貌出现了。

稗草和水稻的祖先野生稻一样，都曾经只是人们眼中的杂草。直到野生稻与人类相遇，成为人类的宠儿，稗草则成了人们眼中的敌人。人们在稻田中进行除草，就是要消灭这些被定义成敌人的植物，为水稻的生命扫清一切障碍。然而，稗草并未放弃。

在战争中，比顽强的敌人更可怕的是那些“看不见的敌人”。

稗草通过伪装，变得和水稻几乎一模一样。这种现象在生物学中叫拟态。模拟了水稻模样的稗草，明目张胆地登堂入室，抢占水稻的生存资源。只有

稗草。

水稻特有的叶耳，稗草还未模仿成功。但是在茫茫的稻田中，这种伪装已经堪称完美。

而这一切，其实有人类的功劳……

人们年复一年地努力除草，试图将稗草从稻田中清除。为了生存，稗草必须不断地演化，有一些稗草在生长期，变得与水稻外形相似，幸运地躲过了人们的清理。直到接近成熟，它们才抛弃伪装，以本来面貌示人。但是，在人们拔除它们之前，它已经将种子播撒了出去。

适者生存，在稻田的世界中，人类选择代替了自然选择，反而筛选出了更强大的对手。

从自交到优势杂交

人和水稻，不仅有共同的敌人，也有共同的期待。

一株水稻，在春天萌发，在冬天来临之前就会完成生命的轮回。进入盛夏，它没有时间享受夏日的慵懒。传承的压力，已经初见端倪。

在水稻发芽的 70 天左右，水稻的茎秆中有一种力量开始蠢蠢欲动。迫不及待挣脱茎秆束缚的是稻穗，稻穗上密密麻麻排布着的是颖壳，这些颖壳不到 1 厘米长，它们即将成为生命孕育的舞台。

颖壳。

中午前后的高温高湿，拉开了生命传承的序幕。颖壳从中间裂开，水稻开花了。这些不到 1 厘米长的花朵，是人们与水稻生命延续的希望。

颖壳内微小的空间里，伸出了 6 个花药，花药中挤满了花粉。它们是水稻精子的载体，必须尽快找到卵细胞。这时，在颖壳的底部，不及芝麻大小的柱头也伸了出来。柱头极力张开，期盼花粉的到来。

花药破开，花粉必须抓紧行动。柱头微小，花粉很容易错过它，在 1 个小时之内，花药就会坠落到柱头的下方。一旦错过，几乎再无机会。

当然，水稻没有把所有的希望都寄托在运气上。它竭尽全力，为每一个颖壳提供了 12000 粒左右的花粉，用来提高成功的概率。好在一个柱头只需要一粒花粉。受精成功，这朵稻花就可以安心孕育了。

千万年来，在没有昆虫帮助传粉的环境中，水稻就这样用自己的花粉给自己受精，保证了种群的繁衍。这样繁衍后代的植物，被人们称作自花授粉植物。然而，即使有这样的机制，在面对大自然万千的变化时，水稻也有感到绝望的时候。

稻花花药。

有时，稻花的花药刚刚探出头来，6 个花药却飘在空中，没有下坠的迹象。就像是一个来自大自然的残酷玩笑，它的花药中没有花粉。作为自花授粉植物，一粒花粉也没有，也就没有了生命繁衍的可能。出于本能，它还是开了花；出于本能，它还是开始了等待……其实，在等待的不只是它，这里有着整片的没有花粉的水稻。它们都在等待着，坚持着……

风来了，风中含有大量的活性花粉。这些花粉是从哪里来的呢？

镶嵌种植在大面积没有花粉的不育水稻中间的，是一排一排正常的水稻。无人机产生的风力，将正常水稻的花粉吹散开来，送给不育水稻。这一大片稻田中正在进行的，就是誉满天下的杂交水稻制种。

利用无人机产生的风力将正常水稻的花粉吹向不育水稻。

水稻杂交，能够结合不同水稻的优势基因。但是在自然环境中，这只有万分之一的概率会发生。比起命运，人们更相信创造力。20 世纪 60 年代，以袁隆平为代表的中国水稻专家，在全国范围内搜寻，终于在海南找到了一株天然不育的野生稻。如今，不育水稻提供卵子，可育水稻提供精子，才有了杂交水稻的成功。

从中国走出的杂交水稻技术，如今已经在全球 40 多个国家落地生根，为地球上不断增加的人口守护粮食安全的底线。水稻安静的生命里，隐藏着人们自我救赎的道路，花开花落间孕育了彼此的新生。

授粉之后的水稻，将开启它生命的最后一段里程。在这个季节，水稻开始面对生命中越来越多的离别。

最先开始退场的是叶片。从底部开始，叶片渐渐停止工作，开始变得枯黄。第 13 或第 14 片叶子，次第退出，为植株节省能量。

只有最上面的几片叶子依旧挺立。这些叶子光合作用产生的葡萄糖被源源不断地输送到授粉后的稻穗中。这些葡萄糖在颖壳中被压缩成淀粉储藏起来，为种子的休眠和萌发期储存能量。

大约 45 天的时间，稻穗上的上百个颖壳逐渐被淀粉充满，就像是母亲给远行的孩子准备的行囊。

整个植株，从稻穗到叶片，再到茎秆都变得枯黄。它将所有的能量都给了种子。寒冬将至，它也许无法抵御风雪的摧残，只希望来年春暖花开之时，种子能给自己的生命一个新的开始。

稻种的命运，由不得它自己做主。丰收是对人们一年辛劳的回报。对于水稻来说，却是生命的谢幕。

收割后的稻田再无人问津，留下了稻茬独自枯萎。整齐地诞生，整齐地绽放，整齐地迎接死亡。水稻的生命被人类摆布和掌控，但是，生命又是无法被完全掌握的。

干枯的稻茬上会冒出新的生机。人们收割走的是它们的种子，不是它们生存的欲望。

这些稚嫩的再生稻苗，在即将到来的冬季中没有太多存活的概率。但向死而生，这是水稻脆弱的生命中隐藏的刚强。或许有个不太冷的冬天，它能有机会继续生命的下一个轮回。

水稻的种子在被人类收割后，绝大部分没有像它们的祖先那样，在土壤中等待萌发，而是脱去外壳变成稻米，开启了新的旅程。

稻米中含有丰富的碳水化合物和蛋白质，这些营养在水中熟化之后，走进了人类的饮食，成为人类重要的能量来源。稻米除了直接补充人体所需的能量之外，经过时间的雕琢，还能以不同的形式刺激人类的味蕾。

贵州月亮山山区内，侗族人至今都在进行一种古老的操作。他们将稻米和鱼肉放在一起，用稻米发酵形成的乳酸腌制鱼肉。3 个月的时间，鱼肉被稻米赋予了新的风味。稻米发酵可以延长鱼肉可食用时间的秘密，也伴随水稻的传播，成为很多稻作文明共同的文化。

在水稻传入日本之前，日本列岛上人们的食物多来自打鱼和狩猎。如今的日本人，仍然保持着一种古老的鱼肉食用方式。和贵州侗族的先人们一样，日本人也传承了稻米腌制鱼肉的方式，来延长鱼肉的保质期，同时享受稻米赋予鱼肉的特殊酸味。这种鱼肉，在日本被称为熟寿司。

随着时间的流逝，稻米在日本人的饮食中逐渐找到了自己的位置。现代寿司是由熟寿司演变而成的，以手蘸醋，再抓握米饭，将醋的酸味带入饭团中。这其中，醋的使用就是长久以来食用熟寿司带给日本人独特的口味偏好。

现代寿司中，新鲜的稻米托起鱼虾，平分秋色，相互映衬。稻作文明和海洋文明，在小小的寿司上完美融合。

贵州月亮山的侗族人延续着用稻米混合辣椒腌制鱼肉的习俗。

被唤醒的基因记忆

稻米以不同的形态为不同地区的人提供维持生命的能量。同时，稻米带领着水稻，在世界上不同的地域生根，水稻适应了高山、深水和盐碱地等特殊环境。据说在世界范围内，人类培育的栽培水稻品种已经超过 14 万种。然而，这真的是水稻最向往的生活吗？

原本应该整齐划一的稻田，却变得斑驳不一。

这些和栽培稻相似的植物，比水稻更高大、粗壮。这样的现象在全球范围的稻田里普遍存在，这些水稻的一些特性有悖于人类需求，水稻与人类粮食安全的关联太过紧密，科学家开始介入了。科学家们发现，它们是栽培水稻突变出的变种，他们给这些水稻的变种起名为杂草稻。这种变异，使得栽培稻的习性变得向野生稻靠拢，这种情况是栽培稻对环境变化做出的反应。

杂草稻的种子与普通的水稻种子非常相似，但已有了不少叛逆的性格。有些杂草稻的种子前端还长出了芒刺，像野生稻一样，它是想要保护自己的种子不被偷食。

风一吹，杂草稻的种子就会脱落，掉入稻田中隐藏起来，躲避潜在的危险，等待来年最好的萌发时间。杂草稻种子的每一个特性，恰恰成

杂草稻长出的芒刺。

为人类无法接受杂草稻的理由。

杂草稻的变化，其实是植物演化的一种表现，是水稻还处在野生稻时期就一直会做的努力。植物演化的方向并不固定，就像野生稻的生长状态看起来杂乱无章、无可预测，但是在不同方向演化的目的都是明确的，就是为了应付各种可能的灾害。

杂草稻的尝试，在人类眼中是不服管理的叛逆，但对于整个水稻种群的繁衍和生存来说，它们是敢于探索新道路的先驱，是敢于牺牲自我的勇士。

从野生稻到杂草稻，它们的变化是植物生生不息努力的结果。

“野生稻守望者”饶开喜，20 多年前在江西东乡发现野生稻之后，就一直守在那里。为了防止动物和人破坏逐渐缩小的沼泽地，人们在野生稻周围修建了围墙。

野生稻中隐藏的生命秘密，我们现在还无法完全破解。保护它，就是给野生稻拓展生命边界的自由，也是给未来人类持续探索保留火种。

人与水稻的故事，从草开始，又回到草的生命中探索未来。一粒稻种进入土壤中，几个月内就能够长出数个稻穗，成百上千粒稻米。它的每一次轮回，都给了人类千倍的回报。每一碗米饭背后，都是探索不尽的生命奇迹。

第三章

茶之征途

森林养育了众多树木，有这样一片森林，因为孕育了一种树木而被人们铭记。这种树在密林中看似普通，它开白色小花，四季常绿。它没有甘甜的果实，却牵动全球 60 多个国家的经济，影响着 30 多亿人的生活，它的名字是茶树。

拉开漫长孕育的序幕

在中国西南部，喜马拉雅山东麓，每年从印度洋吹来的季风，带给这片地区丰沛的雨水。亿万年前这里就是植物的发源地，在巍峨绵延的山脉庇佑下，这片区域躲过了冰川世纪寒流的直接袭击，众多上古植物幸免于难，茶树就在其中。

茶树：山茶科，山茶属。

植物生长的天堂，同样也是生存的竞技场。植物生长于此是天赐良机，却也要拼尽全力。茶树家族经历过磨难，即使到现在，对于个体来说，要生存下去，依然是困难重重。

森林中的小茶苗刚踏出第一步，顶开了厚厚的枯叶层，长出两片新叶，它的身高尚不足 10 厘米，距离这片森林的顶层还有 30 米的高度。阳光成了此时最迫切的需求，而天空被冠层所覆盖，仅留下空隙允许阳光穿越，层层枝叶掺杂其中，留给地面植物的阳光零散稀少。要在这里存活下去，长高是唯一的办法。

为此，茶树首先生长出发达的根系，虽然地上部分还纤细瘦弱，但是它的根部早已向下长出两倍，主根负责向下开辟新领域，随后侧根向四周伸出触角，根部探入更深的土壤汲取营养，以支持地上部分根系生长。成年的茶树，地下埋藏的更是一个纵横交错的王国。

6 月，季风带来了丰沛的雨水，森林里的植物沐浴在泼洒的雨水中焕发生机。这本是好事，但问题是时间。亚热带季风气候让

小绿叶蝉。

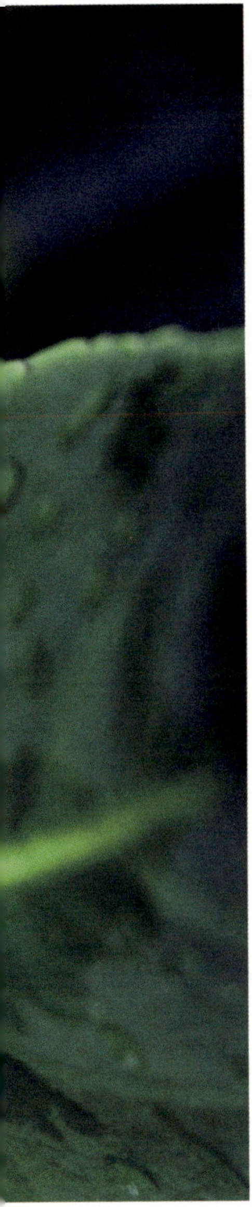

这里的雨季常常达半年之久，这对植物来说变得难以承受，如果长期浸泡在水中，根部将会溃败腐烂。茶树们早为这一切做好准备，秘密就在土地上。茶树选择的家往往在斜坡上，这让过多的雨水顺着斜坡流走，树根便能够安然度过漫长的雨季。

树的成长是缓慢的，茶树在森林里用几十年的时间去适应森林的气候，才成长为“少年”。它有了较为强壮的身体，有了更多的叶子去捕捉森林里散落的阳光，以此合成生长的能量，这些叶子是茶树的引擎。

此时，保护树叶成了头号任务。有一种叫作茶小绿叶蝉的昆虫，俗称浮尘子、叶跳虫等，它们长期依赖茶叶为生，演化出用于伪装的茶叶绿色，这种昆虫让茶叶岌岌可危。小绿叶蝉体形甚小，只有3~5毫米，看起来不足为惧。但是当它的针状口器刺入茶叶吸食里面的汁液时，茶叶细胞组织就会遭到破坏，茶叶变得枯萎卷曲，失去光合作用的能力。而且小绿叶蝉的繁殖速度极快，几乎每个月能繁殖一代，成群结队地对茶叶进行破坏。

面对小绿叶蝉的大举进攻，茶树有自己的应对之策。当小绿叶蝉的口腔分泌物接触到茶叶时，一套古老的反应机制马上启动，茶叶体内释放出几种特殊气

小绿叶蝉的天敌——猎蛛。

味的信息素，这种气味能够通知一个茶树的帮手——猎蛛。猎蛛闻讯赶到，捕捉猎物，它是小绿叶蝉的天敌。

然而，仅靠信息素，茶树能够抵御像小绿叶蝉这种特定的天敌，却无法抵抗自然界中无处不在的破坏性细菌与真菌。这些“清道夫”无孔不入，如果茶叶受到真菌感染，树叶就会凋落，茶树将失去生长的动力，直至死亡。为了对抗这些虎视眈眈的敌人，茶树演化出独特的化学防卫机制，隐藏在茶叶中的咖啡碱和茶多酚等物质，具有杀菌作用，能够抵御有害细菌。这些物质像一层隐形的屏障，保护着茶树，使它远离毁灭性灾害。

当茶树顺利成年，当年那株毫不起眼的茶苗，一跃成为这片森林的主人之一。有的茶树胸围可以超过 3 米，高度达 25 米，是茶树家族中的巨人。它摆脱了底层的阴暗，森林的高层让它拥有了足够的阳光。但是，直射的阳光会灼伤叶子，它谨慎地控制自己的身高，与森林的顶层保持着合适的距离。茶树做出种种努力，其最终目的是将种族延续下去。

种子承载了茶树的所有期望。但茶树的果实成熟时间漫长，需要 1 年半左右，如此长的孕育期，使果实还未成熟，花朵就又一度开放，花与果同挂枝头，像“带子怀胎”一样。等到褐色果皮裂开，种子纵身跃向大地，静静等待时机，再次破土而出。

茶花，花与果同挂枝头。

茶树果实。

猴子采茶，为人类与茶的相遇带来了可能性。

在年复一年的循环中，以最初的茶树为中心，茶树完成了群落的建立，安居于森林之中。但如果仅此而已，茶树也许只能坐落在这世界的一角，而不会以叶子的形式征服地球。

直到它遇到人类，征程的序幕才得以拉开。

茶树与人类可能有无数次擦肩而过，而第一次的真正相遇，或许与森林里的哺乳动物有关。有一种猜测认为，人类曾看见猴子采食这种树叶，于是模仿着以这种叶子为食。

我们已经无法回到千万年前的那次相遇，但是仍然能从一些古老民族的生活中得到启发。云南西双版纳的基诺族，被称为“吃茶的民族”，这里也是茶树起源的中心地带，沿袭着一种“凉拌茶”的饮食习惯。

在劳作休息间隙，基诺族人利用茶园周围的可用食材，为自己补充能量，能振奋精神的茶叶自然成了食材的一种。基诺族人是采集植物的高手，能找到的食材达到四五十种。他们将这些食材放在竹筒中舂碎，在其他香料的辅佐下，茶叶变得美味可口。这是人类在探索茶叶的使用方法时做出的尝试之一。

传说，神农尝百草发掘了茶叶的药性，自此茶叶也被作为药物广泛使用。食材之外又是一味药材，需求的增加促使驯化随之而来。

在云南省凤庆县的香竹箐生长着一棵茶树，树冠庞大锦簇，被当地人们称作“锦绣茶祖”。它是早期人工栽培型茶树的代表。“锦绣茶祖”仍然保持着乔木树形，高逾 10 米，长年享有充沛的阳光使其叶片能充分

云南省基诺族的“凉拌茶”。

神农坛。

“锦绣茶祖”，早期人工栽培型茶树的代表。

生长而变得硕大。但相比野生型，“锦绣茶祖”已显现出人为矮化的痕迹。

最初，茶树传播区域在热带森林不远的地方，当气候向温带过渡，热量和水分减少，乔木茶树难以适应而被淘汰，只有那些小型乔木能够适应新的环境而生存下来。

随着人类活动范围的进一步扩大，可以将茶籽带到几千里之外的区域。清朝年间编纂的《四川通志》里有人工种植茶树的最早文字记载，西汉吴理真在四川蒙顶山手植 7 棵茶树，后世称其为“蒙顶茶祖”。但是此时，茶树发生了巨大的改变。高不盈尺，叶片细长，这与森林中的野生大茶树相去甚远。

这是茶树为了适应温带环境，出土就开始分枝，丢弃主干变成不足 1 米的低矮灌木。它缩小叶片，并在最脆弱的顶芽上生出白毫，这些白毫具有一定的抗寒作用，可以保护顶芽免受冻害。而加厚蜡质层，让灌木茶树的叶片比大茶树的叶子更加坚硬，足以抵抗漫长的寒冬。灌木茶树是家族中身材最矮小的一种，生命力却最顽强。

茶树每跨出新的一步，人类都在观察，低矮的茶树更能适应新的环境，并且更容易采摘，于是人类更倾向于栽培灌木茶树。

人类成为茶树有史以来最有力的传播者，扩大适应性的茶树追随最初发现它的中华民族，在这片广袤的土地上四处延伸。早在唐朝时期，它就到达了北边的秦岭，东边的长江中下游地区，几乎占据了中国的半壁江山。而如油茶、茶花等 280 多种同为山茶属的亲戚们，却无法复制茶树的这种成功。是什么让茶脱颖而出？科研工作者借助现代科技手段，破解了茶的全基因组图谱，从中找到了关键所在。

茶树在它的进化历史上，发生过两次全基因组复制事件，同时还有

灌木茶树，易于采摘。

云南西双版纳。

贵州湄潭。

安徽霍山。

很多的基因发生了串联复制，导致了茶树叶片当中合成风味化合物的关键酶基因的数量较其他植物明显增加，然而油茶的叶片里面，合成这些关键物质的基因物质的表达量明显要低于茶树的叶片，因此，油茶积累滋味物质含量是非常少的，不适合做成像茶这样的饮料。

基因复制是茶树为抵御自然灾害做出的改变。在这个复杂的过程中，伴随一些酶基因的增加，3 种独特的物质也随之在茶树的叶片上增多了。

这 3 种物质，彻底改变了茶树的命运。

是饮品，也是药品

茶树叶片中富含3种令人喜爱的风味物质：茶多酚、茶氨酸、咖啡碱。

茶多酚具有杀菌作用，能够帮助人类抵抗微生物。与森林里的猴子一样，人类也喜欢咖啡因带来的神清气爽。而茶叶中的第三大类物质——茶氨酸，具有类似味精的鲜味，能给人愉快的口感，打破了进入人类口中的最后一道屏障。

当人们从饮用茶汤中获得了精神的振奋和口感的享受，茶汤便从药汤中慢慢独立出来，茶叶的身份再次转变，从药品变成了饮品。这种转变扩大了茶叶的使用范围，因为人不会每天服用药材，但可以每天都喝上一杯茶。茶叶开始作为先锋，为茶树的扩张带来前所未有的动力。

新鲜的茶叶并不容易储藏，如何封锁住茶叶的风味，这个迫切的需求催生出制茶工艺。四川雅安有一种茶历史悠久，它的制作粗犷原始，颜色与茶叶的本色已经相去甚远，变得黝黑，名为黑茶，是火帮助茶叶完成了重塑。茶叶自茶树上采下，人们无须做出太多挑选，黑茶粗犷的制作手法让十几片叶子都能物尽其用。离开茶树的叶子，没有了能量供应，体内的酶开始消耗叶子本身，茶叶的活力进入倒计时。

如何阻断这种消耗？由火带来的热量发挥了关键作用。茶叶在滚烫

黑茶。

的铁锅中进行翻炒，这个过程被称为“杀青”，杀青使酶在高温下失去作用，没有了酶的催化作用，风味化合物在叶中被保存下来。青草味在这个过程中散失，使其更适合饮用。而去除水分，则变得更容易储存。失去生命的颜色，叶的本体已死，茶却保存了下来。

当黑茶打包成团，紧压成砖，可以经过几个月的运输不变质，到达数千公里外的青藏高原。高原环境恶劣，植物匮乏，藏族同胞用茶与酥油混合成酥油茶以补充维生素，茶叶融入当地饮食，成了人们必不可少的日用品。

这一次，茶叶离开树，以另一种形式打破了地域的限制，走到了更远的地方，不仅输出到中国的西南、西北边疆，还曾进入不丹、尼泊尔、印度境内，直至西亚地区。

茶叶的普及，使有关茶的文化活动增多，宋代人喝茶的方式是碾茶为末，茶末与茶汤同时喝下，所以当时流行一种叫“茶百戏”的技艺，它类似今天的咖啡拉花，茶汤中如水墨画般的图案须臾即灭，又称“水丹青”，成为文人间流行的娱乐活动。陆游诗中“矮纸斜行闲作草，晴窗细乳戏分茶”的“分茶”就是茶百戏。宋代的御茶龙凤团饼制作劳民伤财，到了明代，为减轻劳役，朱元璋下令全国制作散茶。这是茶叶工艺史上的一次重要改革。

在这次改革中，一种重要的茶类由此诞生，这一类茶将在接下来的两个世纪推动茶树征服世界，但此时它还需要找到一个强有力的帮手，当时的大英帝国与茶叶刚好成全了彼此。

宋代流行一种叫“茶百戏”的技艺，又称“水丹青”。

宋代御茶龙凤团饼。

助推工业革命的一杯茶

茶叶在中国经过了几千年的发展，日益成熟。

1610年，一种红褐色的茶叶被荷兰商人从中国带到了欧洲。它有一个独特的名字：Bohea Tea，Bohea是武夷的谐音，这种红褐色的茶叶是来自福建武夷山的红茶。神秘的东方与神奇树叶的组合，让红茶在西方引起关注，特别是征服了当时如日中天的大英帝国。

茶叶进入英国之初，因为稀少，只被王公贵族享用，他们在红茶中加入牛奶和糖，搭配甜点，举行下午茶聚会，饮茶在贵族间逐成风气，茶叶一度击败了来自阿拉伯的咖啡，价格高到“掷银三块，饮茶一盅”的地步。在一个特殊的时期，茶成为一个庞大群体的生活必需品。借助这个契机，茶最终落到了普通人的茶杯中。

这个特殊的契机是19世纪工业革命，工厂的诞生促使工人阶层开始形成，工人的工作时间比农业社会大大延长，并且需要时刻保持注意力，循环的流水线容不得一点差错。是茶帮助他们补充能量，给予他们抚慰，英国政府迫切地进口大量茶叶，以支撑这次不仅对于他们，甚至将整个世界带入一个新阶段的工业革命。

今天，英国街头矗立着一些绿色小茶店，看起来并不高档，却是某些街区的社交中心，司机、警察、清洁工、急救人员、社区工作者、学生等喜欢聚集于此。更多时候，他们来这里仅仅为了喝一杯茶。这里的茶用最便宜的塑料杯包装，一杯只需要 7 块钱，是卖得最好的饮料。这种被称为“green shelter”的小房子，原来是工业时期工人们的“庇护所”，而给他们安慰的正是装在杯中的茶。茶中咖啡因的提神作用、牛奶和糖提供的能量，让工人们能够获得动力重新回到生产线上。政府看到了茶的好处，积极扶持绿房子这样的茶所，茶使绿房子得以存在，给予工人支撑，这些工人又最终推动工业革命取得成功。

英国从工业革命中获取了力量，一跃成为世界发展最快的强国。它

绿色茶店。

在世界各地发动战争，试图扩大自己的版图。硝烟弥漫的战争也无法让英国人放下茶叶，他们甚至为茶设置了一套专门的设备。在英格兰西南英吉利海峡沿岸的多塞特郡坦克博物馆内，这些坦克内部构造复杂拥挤，但是英国人还是想方设法塞进了一个四四方方的铁盒，用来盛放泡茶的热水。

打开茶包，放入马克杯中，按下蒸煮器的水龙头，热水源源不断地流出，水是已经烧开的，可以直接冲泡茶包，糖和牛奶在配给包中也有，不必下车，在车上就可以安心享用一杯热茶。这种传统一直延续至今，现在英国士兵的配给中仍然保留了茶叶。

在残酷的战争中，来自家乡的一杯热茶，带给他们温暖，也给他们力量。

博物馆内配有蒸煮器的退役坦克。一杯热茶给残酷战争中的英国士兵们带来家的温暖。

北美因茶而反抗，鸦片因茶而入华

在英国人认识茶之初，当时珍稀昂贵的茶叶甚至成了两场战争的导火索。一个是由波士顿倾茶事件引发的美国独立战争；另一个是英国试图以鸦片谋取中国茶叶而引发的鸦片战争。

1773 年，英国颁布《茶税法》，允许东印度公司直接将茶叶运到北美销售，这使得茶叶价格大幅降低，走私茶叶变得无利可图，殖民地商人便共同抵抗英国的茶叶和法律。最终在 1773 年 12 月发生了著名的波士顿倾茶事件，一群反抗者化装成印第安人，把东印度公司的茶叶全部扔进大海。英国议会为压制殖民地民众的反抗，1774 年 3 月通过了一系列惩罚性的“强制法令”，剥夺了殖民地人民的政治和司法权，这使得反抗更为激烈，最终导致 1775 年 4 月 19 日，莱克星顿打响了北美独立战争的第一枪。

英国因美国独立战争几乎耗尽钱财，难以购买昂贵的茶叶，便对中国放开了违禁 10 年的鸦片贸易。到 19 世纪初，鸦片与茶叶基本达到贸易平衡，英国驻华商人与中国政府之间的关系却继续恶化。1833 年，英国议会废除了东印度公司在华的垄断特权，中国出口的茶叶翻了几番，进口的鸦片量也相应激增。于是导致了“虎门硝烟”，以及随后爆发的鸦片战争。

但是战争仍然无法解决一直到19世纪初茶叶只有中国生产的状况，在英国人看来，茶树的全球化种植已经势在必行，他们找到了一个人和一片土地，茶树开始向中国以外更广阔的区域传播。

这个人是植物间谍罗伯特·福琼，在19世纪40年代，他受英国派遣，伪装成中国人的模样，多次秘密潜入中国寻找最优质的茶种。最终，福琼带走了2000株茶苗、17000颗种子，这些茶种和茶苗翻山越岭、跨越海洋，踏上了祖辈们难以想象的旅程，这趟旅程的终点是喜马拉雅山背面的印度。

在异国他乡，茶树再次面临完全陌生的环境，幸运的是，背靠喜马拉雅山的大吉岭，与茶树的原生环境很相似，茶树喜欢这里的一切。此外，茶树独特的授粉机制早已为这一步做好了适应基础。

茶树的花朵被植物学家称为“完美之花”，在一朵茶花上，既有雌蕊也有雄蕊。本来雌雄蕊之间依靠一阵风就可以完成授粉，但是茶花反而将自己的花粉阻挡在外，只接受其他植株的花粉。这种异花授粉，大大提高了授粉的难度，但是这一选择对于茶树的种族来说意义重大，因为它让茶树之间的基因不断重组，从而产生更优质的植株，这种不断舍近求远的累积，让茶树即使在陌生的印度大地也顺利地完成定居。

茶花。

印度铁路因茶而兴

印度大吉岭最古老的茶园与现代茶园的整齐划一不同，这里的茶树随意散落在茶园里，依稀可见当年人工栽种的痕迹，住在茶园旁的居民口口相传着这片茶园的历史。

现在，大吉岭成为全球三大著名红茶产地之一。茶树在印度种植的成功，证明了茶树全球化的可能，但这只是第一步。茶树想要走得更远，还是需要靠茶叶征服更多的人，但是人工制茶费用太高，要走向全球还需要更大的生产量和更低的价格，此时由茶叶推动的工业革命又反馈到茶叶生产上。

印度的茶园已经是工业生产的一部分，它更适合称为种植园。茶树变成像水稻一样的农作物，能影响茶树生长的因素被严格控制，茶树的高度，树之间的距离，灌溉沟渠的数量。从茶园上空看去，茶树像一个个方格填满了整块拼图。就连遮阴树也是经过严格挑选的，这些树木顶篷高大，而叶子细小，即使有落叶也会从茶树间隙掉落下去，而不会影响茶树的光合作用。

这些茶树几乎同时完成生长新叶的任务，以满足于工业生产的茶叶原料需求，它们被统一收割送进工厂。与中国保持全叶的理念恰恰相反，

印度大吉岭是全球三大著名红茶产地之一。

从茶园上空看下去，茶树像一个个方格一样填满了整块拼图。

印度工人要把它做成碎茶，把萎凋之后的茶叶直接投进压碎机压碎，接着撕裂成细小的颗粒。这样做的目的是让茶叶化整为零，在运输储存中都不至于折损，细分化是工业革命为茶叶提供的最大启发。这些颗粒堆积在一起，在风与热的催化下，氧化成红褐色。虽然碎红茶到这一步在外形上与中国的成茶已经相去甚远，但是学习的仍是中国红茶氧化原理的制作理念。

茶叶的运输与制作一样耗费人力，英国人为降低这一费用，在印度兴建铁路，当茶叶从山上轰隆而下，带动了印度整个铁路系统的发展。从种植到制作，茶叶生产的每一步都被严格控制，价格逐步趋低。在此之前，印度是个不饮茶的国家，如今，茶铺遍及大街小巷。

印度的成功激发了全球茶树种植的热潮，茶树从亚洲出发，19 世纪 80 年代进入欧洲，20 世纪初征服非洲大地，20 世纪 20 年代传入美洲，约同一时间进入大洋洲。今天，全世界已有 60 多个国家种茶，30 多亿人饮茶。

制茶工艺“萎凋”：均匀摊放鲜茶叶，利用常温蒸发鲜叶的水分。

日本茶道的诞生

中国古人留下的茶诗，将饮茶的心境融入诗歌之中，令人深思。

“青灯耿窗户，设茗听雪落。”陆游静夜注视窗外，沏一盏清茶，听雪花飘落。

“食罢一觉睡，起来两瓯茶。”这是白居易对岁月与人生的解读。

中国古人既烟火又诗意的人生，让茶与诗成为绝配。

在离中国不远的一隅——日本，茶给人类的精神同样提供了另外一种想象空间，参与了人类精神世界的构建。这种构建最初源自僧人，自从茶叶的提神功能被僧人发现，便被僧人引入凝神专注的禅修之中，而茶平和清静的个性，使它恰如其分地融入了僧人的清贫生活。僧人一度成为传播茶叶的先行者，唐朝时，就陆续有日本僧人尝试把茶带回日本，但当时茶并不为大众所熟知。

直到宋朝，一位叫荣西的禅师撰写了两卷《吃茶养生记》，才在日本推广并普及了茶。而僧人在饮茶中体会心灵，得出饮茶同是禅修的“禅茶一味”精神，孕育出了日本茶道。

茶道，被当作日本最高的待客之道，他们甚至为此建造专门的场所——草庵。从草庵开始，茶道追求营造一种回归自然的氛围。由荣西

在日本，茶为僧人的禅修提供了巨
大的精神支持。

禅师创立的建仁寺中，有座名叫“东阳坊”的草庵，环境清幽，即使身处都市也好像退回到自然森林之中，日本称之为“市中的山居”。茶室外的庭院被称为“露地”，露地中有一段小径，意在阻断茶室与外部世界的联系，当来客踏上露地，行走在花草掩映中，便逐渐放下世俗扰事，平心静气。

单纯地饮茶在茶道中已不是目的，人们更加注重的是因茶提供的这一段清寂时光。茶道中有“一期一会”之说，意思是每次茶会都不能再重来。因此，主客应把每次茶会都当作最后一次相见，珍惜每次相聚。煮茶的每一步都已成为一种仪式，客人传递着共饮一碗茶，世俗的身份差异也在茶中消解。墙上挂着照应当季的书画和鲜花，身边坐着坦诚相对的友人，人们身处茶香萦绕的空间之中，静静体会着自然和生命的议题，而其中的茶最终也超越了饮品，成为人类意识的一部分。

茶树以叶扬名，在其盛名之下，茶树似乎隐去了自己的身份。茶叶被世人传颂，演绎出绵延的文化，带来经济的发展，也挑起风起云涌的战争，直至成为人类精神的一部分，似乎人们心中的茶，约等同于茶叶。而实际上，茶叶只是茶树带给这个世界的礼物，在其辉煌的背后，是茶树植物繁衍策略的极大成功。

这种从中国西南森林走出的树木，瑞典植物学家卡尔·林奈在1753年将其命名为“Thea sinensis”，意为中国茶树。

第四章

竹之文明

春天，万物生长的季节。随着温度的上升，栖息在中国大地上的大多数植物渐次复苏。

其中有一类植物，它是草，却能拥有树的身高，它以旺盛的繁殖能力和惊人的生长速度著称于世。它既普通又特殊。在人类世界，它塑造着文明，也被文明塑造。万千植物之中，它极易被识别，但也常常被误解，它从 1 万年前就开始陪伴人类。

关于它，有很多不为人知的故事，它就是竹子。

竹子的家族

提到竹子，人们一定都不陌生。但要说竹子是草不是树，相信十有八九的人会感到吃惊。没错，竹子是多年生禾本科植物，属于草的家族。

一片树林里，一棵树就是一个独立的生命。竹子则不同。一片偌大的竹林，或许只有一株完整的生命，每一根竹子都是这个生命的一部分。竹林的秘密，藏在看不见的地下世界。

毛竹：禾本科，竹亚科，刚竹属。

地下的根茎将一根根竹子连接在一起，它们才是整片竹林真正的主干。地表之上的每一根竹子，都是这些根茎的分支。这里储存着竹林光合作用转化的能量，以及大地中的养分。每年秋天，竹林会用根茎的储备培育竹笋。在一整个冬季的休眠后，随着温度回升，竹笋们开始萌动。只需要一场丰沛的雨水，它们便能带着强大的能量挣脱大地的束缚。

在出土前，竹笋们就已经拥有竹节，现在，它们身体的每一节都开始向上生长。拼尽全力，是因为根茎中的能量有限。只有少数有希望长大的竹笋才能获得充足的能量，但这只是它们要面对的第一个困难。

气候条件始终掌控着竹笋的命运。紧紧包裹着竹笋的笋壳，起到了防寒防雨的作用。但竹笋的生长还是会受降温的影响，雨水如果太多，它们还可能因根茎无法呼吸而淹死。越是幼小的竹笋，就越容易在这样的天气中夭折。对整个毛竹家族来说，比这更加恶劣的天气也早已经历过千百万次。

以无数生命为代价，它们逐渐了解了自己的生存极限。今天，毛竹

竹子的地下茎。

雨后春笋。

大多生活在长江以南的山地地区。这些地方即便出现倒春寒，低温也不会持续太久，山体的坡度也可以防止雨水积存。得天独厚的生存环境让一部分竹笋得以幸存，但挑战还在继续。

竹笋长成竹子后，它们的身高将不再改变，竹林积蓄的能量已经消耗殆尽。它们生长最快时，一天甚至可以长高 2 米。大约 50 天后，一些竹笋就能长到将近 20 米高，这是很多树木生长 100 年才能取得的高度。

就在短短数十天内，竹笋的命运已经被决定。每年出土的竹笋，只有不到一半能够长大成竹。根茎提供的能量越来越少，那些还没来得及长高的竹笋，它们或者自生自灭，又或者成为人类的盘中餐。而那些已经脱胎换骨的竹笋，则可以尽情舒展腰肢。它们将成为这片竹林真正的一分子。

竹子，从诞生的那一刻起，就必须竭尽全力。5000 多万年前，原本只是一株草的它，正是凭借着强烈的求生欲望，一步步成为今天的模样。

原本只是一株草的竹子，为什么要如此与众不同，拥有这样令人仰望的身高呢？

在澜沧江畔，分布着大片天然竹林。这里是植物的天堂，也是残酷的竞技场。为了争夺阳光，每种植物都必须有一技之长。因为拥有像树一样坚硬的躯干，竹子获得了和树比肩站立的资格。再加上惊人的生长速度，竹子可以迅速占领制高点，获得充足的阳光。可以说，正是因为获得了身高上的优势，绝大部分竹子才能成功地在森林这种生存环境中占据一席之地。

对于竹子来说，仅仅取得身高上的优势，还不足以维持生存。

在光学显微镜下，将竹子的横切面放大 5 ~ 20 倍后可以看到，呈梅

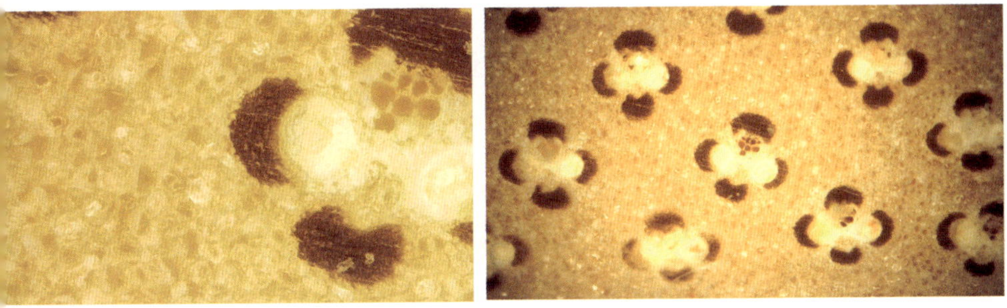

将竹子的横切面放大 5 ~ 20 倍，呈梅花状分布的组织是维管束，它能赋予竹子韧性。

花状分布的组织叫维管束，其中富含的纤维赋予了竹子韧性。而维管束周围的组织，则让竹子坚硬强壮。在竹子体内，维管束的分布由内向外逐渐紧密，保证了竹子最易受外力袭击的身体外侧更具韧性。在竹笋长成竹子的过程中，维管束和它周围的组织都在不断完善，它们就像钢筋和混凝土，共同构筑了竹子高挑却坚韧的躯干。

竹子的外貌也开始有了新的变化。抽枝展叶，意味着它们即将成为真正的竹子，终于可以靠光合作用自力更生了。

就在此时，意外降临。

人们所要寻找的是竹子的纤维。这些即将抽枝展叶的竹子，富含纤维，柔韧度适中，是最理想的选择。

随着时代的变迁，人类的记忆工具不断改变。相比于甲骨、金石等材料，竹子材质轻，且分布广泛，用它制成的竹简，在纸诞生以前，是中国人最重要的书写材料之一。5000 年中华文明，有 2000 ~ 3000 年记载在竹简之上。也正因为有了竹简，书写系统得以稳定，汉字才得以进行更广泛的传播。

当人们掌握了提纯竹纤维的技术后，竹子又成为造纸最广泛易得的原料。今天，用竹子造纸的工艺仍在继续。在找到最理想的竹子后，所有工作几乎都围绕着怎样获得最纯净的纤维展开。但竹子能否蜕变为合格的竹纸，接下来的环节至关重要。

捞纸直接决定竹子最后的归宿。竹子的纤维，必须捞得足够均匀而纤薄，才能被委以重任。起落之间，竹子们年轻的生命被永远定格。

从古至今，无数竹子以这种生命形式承载着人们无形的思想与情感。

而竹子对人类的奉献还远不止于此。

我国历史上使用时间最长的书籍形式：竹简。

竹纸。

中国竹类资源丰富，素有“竹子王国”之称。竹子对中国人的影响，甚至让19世纪维多利亚时代的评论家们都惊叹不已：“竹子比矿物更珍贵，仅次于米和丝绸，是天朝最大的收入来源。”竹子的用途广泛，包括竹制的雨衣和雨帽、渔网、竹篓、量具、酒杯、勺子、筷子及烟斗等。

汉武帝时代，著名外交家、探险家张骞曾到中亚细亚，后来他回国报告说，他在中亚的一个国家“大夏”（现阿富汗北部一带），曾见到商人转卖从印度贩来的四川竹杖。

据东罗马帝国的记载，隋朝初年，中国蚕种传入西方，就是用一节中空的竹子偷运过去的。

不同种类的竹子，自从和人类相遇后，就不仅仅是山林间的生命。它们帮助人类分担繁重的劳作，它们方便了人类的生活出行，它们满足了人类的口腹之欲，它们承载了人类的琐碎日常，它们又在无意间塑造着人类文明……

与竹子牵绊共生的生灵

在人类享受竹子的馈赠时，那些继续在竹林中成长的竹子，已经长出叶片。竹叶是竹子全身最轻盈柔软的部位，它们像一块块太阳能电池板，为竹子合成生命所需的养分。这些叶片经冬不凋，让竹子越冬成为可能。但在冬季，它们也可能置竹子于死地。

对竹子来说，真正的威胁不是寒冷，而是雪。千枝万叶承接的每一片雪花，都是竹子不可承受之重。这种无声的较量，几乎每年冬天都会上演，几乎每一次都生死未卜。即便竹子能够挺过寒冬，它们的叶片还是会在风雪的侵蚀下逐渐老化。为了生存，这些竹子在第二年春季到来时集体更换叶片。对它们而言，这场换叶仪式性命攸关。而它们新长出的叶片早已被其他物种预订。

竹子的天敌中，仅蝗科昆虫就有 20 种之多，竹蝗便是其中最常见的一种。新长出的竹叶，正好成为它们孵化后的第一顿美餐。面对这些肆无忌惮的掠夺者，竹子无处可躲。

在蚕食了足够多的竹叶后，竹蝗迎来了羽化的时刻。从此时起，它们便有了生儿育女的能力。雄竹蝗交配过后便会死去，而雌竹蝗还必须完成最后的使命——产卵。虽然耗尽了所有气力，但小竹蝗来年就会诞生。

雪压竹，让竹子生死未卜。

因为一片叶子，竹蝗的繁衍生息与竹子牢牢绑在了一起。

而在众多以竹为生的物种当中，最为家喻户晓的，则是一种庞然大物——熊猫。很少有人知道，正是因为竹子，它们的命运被彻底改变。

国宝大熊猫作为我国的特有物种，其食性尤为特别，几乎完全靠吃竹子为生。一到冬天，它们便会迁徙到相对温暖的低海拔地区。一头成年的野生大熊猫，每天大约要花 16 个小时，吃掉大约 40 公斤竹子，这大约是一个成年人 20 天的饭量。食量惊人，是因为大熊猫曾经是肉食性动物，它们的肠胃无法有效吸收竹子中所含的营养物质，只好以量取胜。

竹蝗：竹叶的掠夺者。

大熊猫演化出的第六根伪拇指，可以帮助它们更加方便抓握竹子。长期咀嚼坚硬的竹子，让它们拥有了发达的咀嚼肌和厚重的头骨，脸因此变得越来越圆。现在，吃竹子对它们来说变得像人们啃黄瓜一样轻松。

大熊猫为什么做出诸多改变，只吃竹子呢？

合理的猜测是，在自然环境剧烈变化的时期，顽强生存的竹子，尽管并不美味，却足以让大熊猫果腹。茂密的竹林还为大熊猫提供了防御天敌的屏障。也许正是因为竹子的存在，才孕育了今天的大熊猫……

几乎靠吃竹子为生的大熊猫。

宁可食无肉，不可居无竹

当竹子逐渐步入壮年后，它们的外貌几乎不再发生变化。但生活对它们的考验却从未停止。

“木秀于林，风必摧之”，竹子高挑的身材，总是在恶劣的天气中遭到攻击。但竹子早已有所准备，它们应对的手段，就藏在身体的每一个部位中。

随着年龄的增长，竹子会不断优化体内维管束的强度以增强韧性。而中空的力学结构、竹节及其内部起支撑作用的横梁，则赋予它们极佳的抗弯能力和强度。

在恶劣的天气中，竹子身体的每一个部位都发挥着作用。即使不幸殒命，它们也不会轻易向风雨折腰。“千磨万击还坚劲，任尔东西南北风”是诗人郑板桥对竹子无畏风雨的赞叹。竹子今天的至刚至柔，是几千万年来风雨不断磨砺的结果。

因为中空的结构和特殊的弹性，竹子成为人们眼中制作乐器的良材。从古到今，由竹制成的乐器不胜枚举，如笛、箫、笙、筝、竽、箜篌等。在众多用竹子制成的乐器中，有一种乐器，因管长一尺八寸而得名尺八。

尺八曾是宫廷雅乐的主角，大约在唐代时，被作为吹禅的法器传至日本。今天，尺八已经成为日本的代表性民族乐器，拥有众多流派。但它的声音却在中国销声匿迹。塚本松韵，是普化尺八明暗对山流的传人。20 年来，他最大的心愿就是将普化尺八的声音带回中国。

塚本一直坚持着尺八从中国传来时的吹禅传统。对他而言，普化尺八不仅是乐器，而且是一种修行。普化尺八在制作方式上会最大限度地保留每根竹子的本色。每个人都有不同的性格，而每支普化尺八也都有独特的音色和外形。吹管者在吹奏时，必须根据每支尺八的不同特点调整自己的气息，并在一呼一吸间，探索自己的内心。

从一根竹子到一支尺八，人们完成了对它的塑造，而它也用声音洗涤着人们的心灵。竹子从来都不只是简单地被利用，而是与人类有着深厚的情感联结……

普化尺八。尺八的魅力在于，它既是自然的声音，也是人类心灵的回声。

以竹为审美对象。

以竹做生活用具。

或许也是被竹子无畏风雨的生命状态所打动，竹子在人们眼中，不再只是山林间的生命。大约从秦汉开始，它们逐渐成为人们的审美对象。到了唐宋时期，竹子不仅频频出现在吟咏描摹中，更被广泛种植于房前屋后，成为人们美好精神品格的化身。

中国历代有很多有关竹子的著作，例如，晋代戴凯的《竹谱》，元代李衎也作过更详尽的一部《竹谱》。此外，自苏东坡画墨竹以来，又出现了很多画竹的名家，清代的郑板桥就是其中之一。

竹子也是历代贤人咏叹的对象，比如魏晋的“竹林七贤”和唐朝的“竹溪六逸”，诗人王维位于陕西的书斋更是名为“竹里馆”。

古今文人墨客，给竹子空心挺直、四季青翠、傲雪凌霜等特征赋予人格化的高洁、虚心、有节、刚直等精神意象，将其与梅、兰、菊并称为“四君子”，与梅、松并称为“岁寒三友”。正如英国学者李约瑟所说：东亚文明乃是“竹子文明”。

竹子终年常绿，象征清廉；竹杆通直富有韧性，象征守正不阿；空心，象征虚怀若谷；竹节，象征坚贞有节。竹子与人，从相遇到相知，从相伴到相守。竹子的生存条件，因人们的悉心照料得到改善，而人们的心灵，也因竹子的存在而变得充盈。

古诗云“宁可食无肉，不可居无竹”，作为曾经文人士大夫的私人居所，园林中的竹景随处可见。直到今天，竹子在人们心中的位置仍然无可替代。

一步一步，竹子从远古走来，从山野走进人类的视野，又从日常起居的生活用具上升为人们心中的谦谦君子……

在自然界中，为了生存，竹子会通过相连的根茎不断进行营养传输，共同分担环境的压力。而在繁殖扩张方面，很多竹子的根茎还发展出另外的特长。毛竹，在地表之上看似与世无争，但在泥土之下，它们的根茎却能向四周不断扩展，攻城略地。它们让竹子长上了双脚，繁殖扩张变得更加便利。

在生存繁衍本能的驱使下，在各种自然界的考验中，竹子不断改变着自己。最终，一株草成功地在地球上繁衍出拥有 1500 多个不同种类的竹子家族。那些存活至今的竹子，或许不是最美丽、最强大的，有时只是最顽强或最幸运的。

海拔 3000 多米的神农顶，每年有 5 个月被冰雪封冻。这里几乎是竹子所能生存的极限高度。虽然身形矮小，它们却是少数能在这里过冬的生命。

在草木丰茂的雨林中，一些竹子还掌握了攀爬的技能，它们能够借其他植物的高度接近阳光。

巨龙竹则成为世界上已知体形最大的竹子，身高可达十几层楼高，而且砍下一节，就是一个水桶。

神农箭竹：禾本科，竹亚科，箭竹属。
神农顶上的神农箭竹。

每一种竹子都有自己独特的外貌，每一种竹子也都有自己的生存之道，在这种种不同背后，它们共享着同一种最原始的欲望——活下去，然后繁衍生息。

而当竹子与人类相遇后，它们又凭借人类的帮助，进一步在世界范围内开疆拓土。

关于我国毛竹如何引入日本有多种传说。有一种说法，毛竹进入日本应在千年之前，目前有史证或物证的是江户时代（1603—1868 年），岛津家 21 代吉贵于 1736 年从琉球移植来两棵毛竹，成为日本毛竹栽培之祖。

巨龙竹：禾本科，竹亚科，牡竹属。

到今天，在日本的岚山竹林，来自中国的毛竹成为这里的主角。毛竹以其在竹材、观赏、食用等方面的价值，深受日本人青睐。毛竹已经成为日本占地面积最大的竹种之一。

1907年，一位名叫欧内斯特·亨利·威尔逊（Ernest.H.Wilson）的英国植物猎人，成功从中国引种了在他眼中最漂亮的竹子，并用其女儿的名字莫瑞尔（Muriel）为其命名。在中国，这种竹子被称为神农架箭竹。威尔逊曾于1899—1911年4次来中国考察，被西方称为“打开中国西部花园的人”，神农架箭竹也成为欧洲引种最成功的中国山地竹子之一。

爱丁堡皇家植物园，是威尔逊当年采集的竹子在欧洲的第一个家。这种被大熊猫喜爱的竹子，也受到了欧洲人的欢迎。从爱丁堡皇家植物园分蘖出来的神农架箭竹，从此流向了欧洲的千家万户。

英国的邱园中，上百种竹子在这里安家落户。在意大利，竹子被用来

在意大利的方丹内拉多，竹子用来建造迷宫。

建造迷宫。在这些国家，竹子还只是拓荒者，但随着人们对它的不断认识，它在未来也许会拥有更广阔的生存空间。

植物运行了数亿年之久的光合作用，让生命得以在地球上活跃。只需要借助一些阳光和水分，它们就能将二氧化碳转化为生命所需的能量，并且释放出对世间万物至关重要的氧气。

随着科技的发展，人类掌握了各种各样将碳排放到大气中的方式，但如何将碳吸收固定，只能仰赖植物的光合作用。相比于很多植物，竹子异乎寻常的生命力和速生特性，迫使它们必须更加勤奋地进行光合作用，才能为生存繁衍提供足够的能量。在很多人眼中，竹子对光合作用的强烈需求，成为一种有效的固碳方式。在世界森林面积不断缩减的今天，越来越多的人开始将它视为绿色环保的可再生资源。

当越来越多的人认识到了竹子的绿色环保时，便有越来越多的竹制品在人们生活中流通。当越来越多的人开始善待竹子时，竹子便会拥有更多的生存空间。竹子，人们越是了解它、发现它，就越懂得如何利用它。

竹子的一生，每个阶段都散发着魅力，这种魅力使它与无数物种的命运相互交织。在自然界的万千植物中，竹子，因它顽强的生命力，以及对人类的贡献，将被永远铭记。仅在《辞海》中，以竹为偏旁的汉字就有 200 多个。每一个字都是一种提醒，提醒着竹子以各种形式对人类的滋养。

一场神秘又壮烈的告别

如同地球上所有的生命，竹子的生命也有告别的一天，只不过，它的告别方式与众不同。

见过竹子的人很多，但见过竹子开花的人却少之又少。在人类眼中，“花”常常是美丽芬芳的代名词，竹子的花也是如此，但它一生只开一次花，一等就是数十年。它的花神秘而又复杂，至今没有人能够预测它开花的确切时间。

2018 年 6 月，桂林的竹林中，终于有竹子开花了。在开花前，同一根根茎相连的所有竹子都开始为开花做准备，它们慢慢褪去一身的翠色，将自己身上几乎所有叶芽转化成花芽。当一片竹林变成黄色时，竹子的花就挂满枝头了。

这一朵朵黄色小花，让竹子迎来生命中最绚烂的时刻。同时，也让竹子迎来了与生命告别的时刻。正是用开花，竹子宣告着自己的生命已经走向尽头。它们在生命谢幕时开的花也许并不是最耀眼的，却足够壮烈，因为它们不但开花即死，而且往往成片株连。

竹子开花即死，于很多仰赖竹子为生的人和动物而言，成了一场巨大的灾难。为了自身需要，也为了其他物种的需要，科学家们一直试图

竹子开花，是最绚烂的
时刻，也是生命告别的
时刻。

了解竹子的开花规律。

为了开花，竹子通常要经历极其漫长的等待，开花之后，则是它们对生命的告别，这其中的原因是什么呢？

科学家们每年都会收集并研究竹子的花和种子，希望能借助现代科学的手段，探寻竹子开花的规律。因为竹子开花的稀有和不确定性，科学家们开展的研究也许要持续几十年才能有所收获，这是一场注定艰辛的实验。在中国，所有与竹子开花有关的研究，都还处在起步阶段。

尽管人们还无法预知竹子会在何时开花，但同大多数植物一样，竹子开花也是为了繁衍后代。这是它们一生唯一的机会，当竹子把叶芽转化成花芽时，就丧失了光合作用的能力。牺牲自己只为了给整个种群留下更多生的希望。

科学家们在探寻竹子开花的规律。

寄生在枯竹根部的竹荪，是竹林中的清洁工，
将竹子的尸体化为万物生长的养料。

此刻，每一朵小花的柱头都在期盼着花粉的到来。大约 9 个小时，花粉如果还不能与柱头相逢，便会永远失去孕育生命的机会。每一阵风，每一只路过的昆虫，都是一线生机。

在秋季到来之前，开花的毛竹们完成了孕育的使命。

这些种子必须抓住生命中唯一一次可以移动的机会。因为从离开母亲的那一刻起，它们的生命就进入了倒计时。它们必须尽快找到一处合适的土壤，否则将永远失去萌发的机会。

使命完成后，也就到了母亲永远离开的时刻。它们将在一种共生菌

类的帮助下重回大地。竹荪是竹林中的清洁工，它负责将竹子的尸体化为土地的养料。在同一片大地上，新的竹子即将诞生……

一粒毛竹种子，大约半个月后就开始长出小苗。再过不久，毛竹小苗便会拥有萌发竹笋的能力。通过萌发竹笋，大约 10 年后，一棵毛竹小苗也能长成一大片像它母亲那样的竹林。

人类诞生以前，竹子就已静立于天地之间。它为生存所做的努力，成就了自己，也成全着无数物种。它是竹子，禾本科，竹亚科。

第五章

桑之丝路

有一种植物，它的叶子与众不同，却拥有着强大的蛋白质生产能力。然而，充足的营养是福也是祸，叶子的命运因此而改变。一种昆虫发现了其中的秘密，从此，这种昆虫把叶子作为主要食物，享受叶子中丰富的蛋白质，慢慢地，这种昆虫不再吃其他食物，它自己也变成了蛋白质的储藏者，这是昆虫的秘密。

当叶子与昆虫的秘密被人类发现，三者上演了一场互相依存、互相博弈的生命大戏。这场戏上演了5000多年，如今还在继续。

戏的主角之一，是树，是桑树。

桑与蚕的秘密

青藏高原，地球上的最高点。在纯净而又氧气稀薄的天空、巍峨而又冰冷的雪山之下，是一片对生命极为严苛的土地。发源于青藏高原的雅鲁藏布江，携带着冰川雪水奔涌而来，孕育着河流两岸的生命。

一亿多年前，桑树诞生在雅鲁藏布江流域。至今，仍有许多野生桑树生长在这里。这里是桑树的故乡。

南迦巴瓦峰下，一棵大树静静矗立。它已经在高原上度过了 1600 多个春秋，是迄今为止地球上最古老的桑树，当地人把它称作“桑树王”。

一株刚刚出生的桑芽，即将迎来生命中的第一个春天。高原的春天异常短暂，它必须尽快长大，以应对即将到来的生存压力。春风拂过，气温快速上升。深埋地下的树根，准确捕捉到温度的变化。生命通道迅速打开，源源不断的水分从根部被输送到树冠。

一场对阳光的追逐赛拉开帷幕。为了捕捉阳光，所有桑叶都奋力生长。快速生长伴随着巨大的能量消耗，储存了一个冬季的养分急剧下降。眼下，它急需蛋白质补充能量。蛋白质是构成生命的基础物质，包括人和动物在内，生命成长的所有过程都需要蛋白质的参与。

位于根部的指挥中心，将土壤中吸收的氮元素输送到叶片，在阳光

地球现存最古老的桑树，已有 1600 余岁，人们称它为“桑树王”。

桑叶。

和水分的共同参与下快速合成蛋白质。几十万片桑叶参与其中，蛋白质被源源不断地生产出来。叶片中老化的蛋白质也不会白白浪费，它们重新分解为组成蛋白质的基本单位：氨基酸，输送回根部储藏起来，以备不时之需。

桑树为什么拥有如此强大的蛋白质生产能力，至今还是个谜。借助现代化设备，研究人员试图破解桑树家族的秘密。

叶片是捕捉阳光的重要器官，通过光合作用，桑树获得了满满的能量。仅在桑叶中，就有 2000 多种蛋白质。

桑树基因的破解，让研究人员有了重大发现。在过去的 1 亿年间，桑树基因的进化速度是同类植物的 3 倍，因此，它们拥有快速而强大的生存能力，以及令人类望尘莫及的长寿基因。

假如没有一种昆虫的出现，桑树是会一直长寿下去的。

随着桑叶快速生长，隐藏在树上的昆虫结束了长达一个冬季的休眠，开始孵化。其中有一种昆虫叫作蚕。

实验室里，研究人员正在为即将出生的

蚕宝宝准备食物。除了蚕钟爱的桑叶，还有味道浓烈的青蒿、鱼腥草和莴苣叶，以干扰它们的注意力。人们希望通过蚕出生后的第一选择，找到蚕只对桑叶情有独钟的秘密。

蚕宝宝诞生了。经过一个冬天的蛰伏，它们饥肠辘辘，嗷嗷待哺。

蚕的视力很微弱，只能感受到光的存在，但它们的嗅觉却异常灵敏。面对青蒿、鱼腥草和莴苣叶，蚕有些拿不定主意。短暂

蚕与桑。

的犹豫之后，它选择了桑叶。

研究的结果毫无悬念，所有幼蚕都选择了桑叶。事实上，蒲公英、榆树叶等 30 多种植物，也可以写进蚕的食谱，只是蚕太挑剔了。

在自然界生存了百万年的野蚕，依然保留着桀骜不驯的个性。它们体态轻盈、行动敏捷，堪称完美的保护色，让敌人很难发现它们的行踪。

人们不知道野蚕用多长时间才找到了桑树，但自从与桑叶相遇，野蚕就把蛋白质的味道刻在了基因里。最终，为了一片桑叶，放弃了整片森林。

并非只有野蚕对桑叶中的蛋白质感兴趣，随着众多猎食者的到来，桑树迎来了一年中最具挑战的时刻。

通往“餐厅”的道路并不轻松。一只正在哺育后代的马蜂紧张地注视着野蚕的一举一动。一只野蚕从叶子的边缘开始咀嚼，速度惊人。也许是顾忌蜂巢中的幼虫，马蜂妈妈只是将这只不长眼的野蚕赶出了领地。

野蚕的天敌之一——马蜂。

蚕这种由点到面，逐渐吞噬的进食方式，从 2000 年前的战国时期，就演化为逐渐消灭对手的专用名词：蚕食。

没有任何生物甘愿被蚕食，即便是植物。

动物靠听觉或视觉感受到危险的来临，而桑树通过防御性蛋白，准确意识到发生了什么。这种神奇的化学信号十分精密，能够让桑树分辨出攻击者是桑毛虫、桑天牛，或者是自己的老对手——蚕。

随着蚕的进食速度加快，桑树启动第一道防御武器。乳汁就是桑树在进化过程中产生的一种防御武器，乳汁中一种叫蛋白酶的物质，会让大多数昆虫消化不良，甚至丧命。眼下，野蚕还没有察觉到桑叶反击带来的伤害，进攻仍在继续。

桑树启动第二道防御系统。信息传输通道被迅速打开，乳汁中的蛋白酶迅速合成生物信号，将敌人入侵的消息传递给周围的盟友。浓郁的气味在桑林中快速蔓延，这会引来对蚕感兴趣的食客。正在哺育后代的马蜂终于痛下杀手，它循着味道，迅速锁定了野蚕的位置。随着马蜂将最后一点食物打包带走，桑林重新安静下来。

协同进化是一个漫长的过程，在亿万年的博弈与妥协中，野蚕与桑叶最终演化为一对生死冤家。

人类的出现，使桑蚕间的博弈规则变得复杂。

同样对桑叶感兴趣的食客——桑毛虫。

桑与蚕的驯化史

对江南一带的蚕农来说，小满是一年中比春节更重要的日子。

相传这一天是蚕神的诞辰日，桑农们都要争相“祭蚕神”，以祈求桑满园、茧满仓。这种源于对桑蚕的崇拜习俗，已经流传了上千年。

早在新石器时代，中国人的祖先在桑林中发现了蚕的秘密。他们为了获得这只昆虫吐出的丝线，开启了长达千年的驯化历程。

人们已经无法考证，古人是如何让桀骜不驯的野蚕逐渐适应蚕房的群居生活的。更令人惊讶的是，他们竟然成功地让野蚕褪去保护色，完全转变为白色。直到今天，现代科学依然无法破解家蚕体色改变的奥秘。

在人类的帮助下，家蚕逐渐化解了桑叶的防御，能够自由控制桑叶物质的转化，从而吐出世界上最优质的蛋白纤维——蚕丝。蚕丝中 97% 的成分是蛋

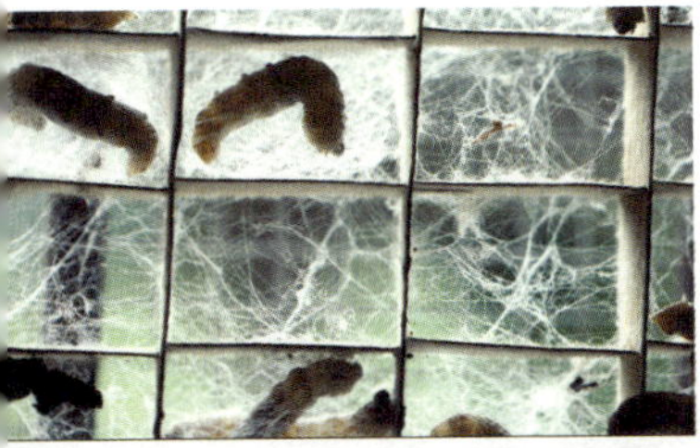

家蚕。

有一种被人类驯化的桑树——地桑。

白质，有 18 种氨基酸，与人类皮肤极为相似。

蚕房里，20000 多只家蚕正处在旺盛的生长期。从出生起，它们就在一刻不停地啃食桑叶。在短短的二三十天里，它们的体重可以增长 10000 倍，如果换算成人类，相当于一个月内长成 5000 公斤，也就是 5 吨重的大胖子。

从桑林来到蚕房，生存变成了生活。但生活并非毫无风险。这种高密度的群居生活，让家蚕逐渐失去了抗病能力，它们必须依赖人类的精心呵护才能生存，而种桑养蚕这种祖祖辈辈延续下来的本领，也深深镌刻在中国人的基因中。

所有家蚕都在努力工作，目标是结茧化蛹。当吐出的丝线缠绕成茧，准备在蚕茧中羽化成蛾、繁衍后代的蚕蛹，再也无法像从前那样完成生命的轮回。为了获得高质量的丝线，这些蚕将被蚕农送进烘干炉中杀死，早早结束了生命。

蚕房里，对蚕的驯化效果显著；桑园中，桑树的驯化成果日新月异。

5000 多年前，桑树走出森林来到桑园。中国古人用非凡的创造力，不断对桑树进行改良。有一种驯化的桑树，叫作地桑，它的出现，是桑树驯化史上的重大飞跃。桑树的身高变得越来越矮，它的主要任务就是长出好的桑叶，一旦不符合人类的要求，它的生命就会被终结。它们的生命，被定格在了短短的 20 年。尽管桑树的寿命变短了，它的数量却越来越多，这是因为人类对蚕丝永无止境的追求。

桑与蚕 开启了 文艺复兴时代

2000多年前的西汉时期，桑树追随着人类的脚步，遍及中国所有省份，北至内蒙古、西到新疆、南到海南岛北部，都有桑树的身影，中国成为世界上桑树品种最多的国家。

缫丝是制丝过程的一道主要工序。缫丝厂里，工人们正在对刚收获的蚕茧进行挑选。春天的桑叶富含蛋白质，可以让春蚕结出品质最好的蚕茧。一粒拇指大小的蚕茧，就能剥离出 1000 多米长的丝线。就是这一根根纤细的丝线，支撑着世界丝绸产业 80% 的原料供应。丝绸如此珍贵奢侈，以至于在古代中国和贝壳、白银一样，扮演了货币的角色。而在对外贸易中，丝绸逐渐成为主角。

织布机的诞生在中国已经有 1000 多年了。细密的丝线纵横交错，将大自然的馈赠与人类的智慧紧紧交织在一起。“机械”一词以及这一词汇所对应的工具，由此演变而来。越来越多的文明形态，与丝线连在了一起。仅在《现代汉语词典》中，由“丝”演变而来的汉字就有 188 个。

从西汉起，中国的丝绸不断大批地运往国外，成为世界闻名的珍贵产品。在丝绸传入欧洲以前，古罗马人用羊毛做衣服，古印度人用棉花，

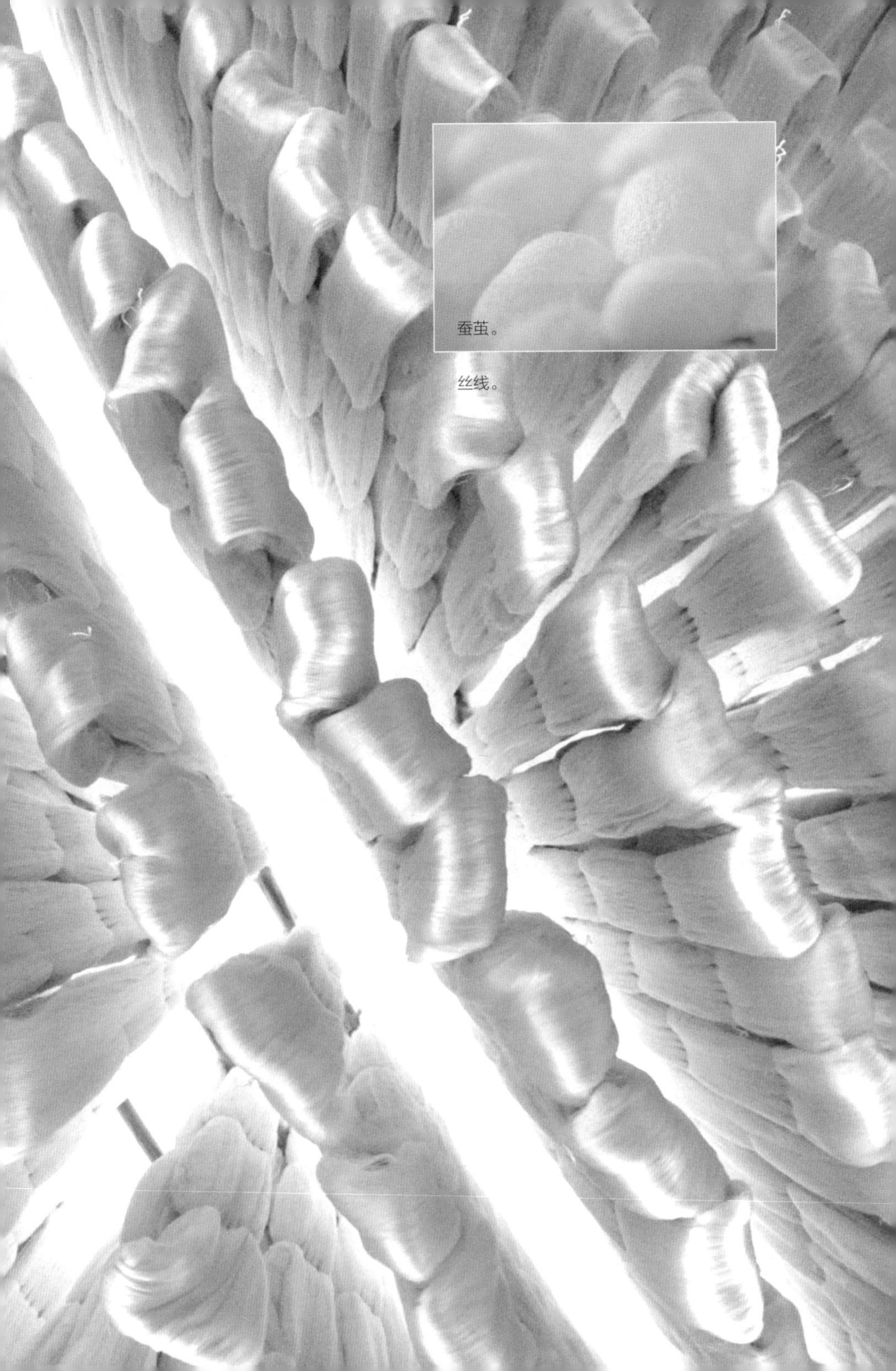

蚕茧。

丝线。

诞生在中国的织布机。

古埃及人用亚麻。公元前1世纪，身披羊毛质衣服的罗马人征战到波斯，第一次见到轻薄的丝绸，并且传说是从一种虫子肚子里得到的，难以想象他们讶异的神情，丝绸立刻成为罗马贵族竞相追逐的奢侈品，价格几乎与黄金相等。

公元前115年，安息的密特里达提二世和汉武帝订立商业协定。丝绸作为东西贸易中最珍贵的商品，开启了人类历史上第一次大规模的商贸交流，史称“丝绸之路”。

在丝绸的驱动下，一条连接中亚、东亚、西亚，直至欧洲的贸易通道，源源不断地将中国出产的丝绸、茶叶、瓷器等奢侈品传入西方，同时又将西方的商品、文化、艺术传入中国。

在古代中国，种桑养蚕一直是国家最高的商业机密。6世纪，罗马人认识丝绸已经700年了，但仍然没有办法在本地生产丝绸。相传，为了打破中国人对丝绸业的垄断，东罗马帝国皇帝查士丁尼，派两名僧人来到中国的西部地区，窃取了相当数量的蚕种，并将它们放在桑树上饲养获得成功。

植物的传播看似波澜不惊，实则跨越了万水千山。

桑树传入意大利的确切时间已无从考证，但是在意大利学术界引发了讨论，从事东亚史和东南亚史研究的意大利研究人员一直在寻找答案。

在中国白桑到来之前，地中海沿岸已经引进了黑桑，并且用黑桑饲养家蚕。相对于中国白桑，身材高大的黑桑很难修剪成灌木，并且生长缓慢。尽管黑桑的叶子也可以饲养家蚕，但吐出的丝却质地粗糙。为了发展丝绸织造产业，意大利人选择从中国引进白桑。随着白桑一起来到意大利的，还有中国的织造技术。意大利阿贝格（Abegg）丝绸博物馆内，收藏着不同时代的纺织设备。

丝绸之路不仅仅让西方认识了蚕茧，也让西方了解了处理蚕丝的技术。中国桑树和织造技术的到来，给意大利丝绸生产带来了质的飞跃，也深深刺激着英国统治者詹姆斯一世。1608年，詹姆斯一世要求土地所有者购买并种植10000株红桑，以发展丝织产业。遗憾的是，家蚕不爱吃红桑的叶子，英国的丝绸产业计划就此夭折。

在意大利，充足的阳光、四季分明的气候，让中国白桑迅速适应并喜欢上了这里的环境。它们的命运也由此与一个家族、一个时代紧密相连。

美第奇家族是佛罗伦萨的名门望族，通过为丝绸生产者提供资金，美第奇家族逐渐垄断了从原料供应到制造、销售的丝绸产业链。从丝绸贸易中积累了大量财富，一代代的美第奇家族成员对文学家和艺术家进行赞助，成为意大利文艺复兴时期的推动者之一。由此，也可以这样说，被后人广泛赞誉的文艺复兴，其中也有一片叶子和一只昆虫的功劳。

如今的意大利已经放弃了种桑养蚕，只保留了纺织和印染技术，这种技术让丝绸依然保持着高贵的身份。

不同质地、花色的丝绸面料，在设计师和印染工人的合作下，共同创造出华美的生命力。而生产面料的丝线，依然来自丝绸的故乡——中国。

中国到意大利不过十多个小时的航程，承载的却是从一片桑叶到顶级时尚的距离，而背后的支撑力量依然是那一片叶子和那一只昆虫。

这是一幅 16 世纪创作的油画，主人公是意大利佩夏市的富翁弗朗切斯科 · 彭维奇尼，他在 1435 年将中国白桑引入佩夏市，桑树为当地带来了大量的财富。在画中，他手里拿的便是一株白桑。

桑树的秘密武器：弹射装置

动物通过生儿育女来延续香火，植物通过开花结果繁衍后代。植物艳丽的花朵、芬芳的气味能够吸引动物为它授粉，但桑树却无法用外表向传粉者推销自己。

春天的桑园里弥漫着浪漫的气息，满树绽放的雄花已经整装待发，每朵雄花的花轴上都装满了上百万的花粉。花粉是精子的载体，得不到传粉昆虫的青睐，桑树花粉只能以数量来弥补大海捞针般的授粉机会。

但仅有花粉是不够的，还要有雌花。

桑树雌花。 桑树雄花。

视线所及之处，看不到任何异性的身影。眨眼之间，它们就可能错过一年中唯一的机会。

远处的雌花已在焦急等待。为了迎接花粉，柱头上的绒毛已经全部张开，以增加在风中捕捉花粉的机会。等到一阵微风吹过，桑林里立刻骚动起来。小碗状的花苞瞬间炸开，将花粉弹射出去。这是一次雄性威力的集中爆发，也是一场关乎后代的生存竞争。借助风力，花粉可以在空气中飘出 200 米，甚至更远。

桑树的花粉为什么会拥有如此神奇的飞行速度，这一直是个谜。一项针对桑树花粉的实验，为人们揭开了谜底。

要想飞得远就要有特别的装备。松树花粉凭借两个完美的气囊，可以飘到千里之外，然而桑树花粉并不具备这种优势。它另辟蹊径，强大的弹射装置，是桑树为繁衍后代演化出的秘密武器。

据研究人员计算，桑树雄花的弹粉速度能够达到每秒 200 米以上，仅次于手枪子弹出膛的速度。只有借助高速摄影机，将速度放慢 40 倍，人们才能清晰地看到花粉弹射的奇妙瞬间。

一场关乎后代繁衍的大事眨眼间就已完成，微风拂过的桑园仿佛什么都没有发生。

幸运的花粉落在雌花柱头，期待许久的雌花，用柱头上的绒毛将花粉牢牢锁住，沿着花柱送入子房，为孕育后代做准备。

只要两周时间，不断膨胀的子房将雌花撑得丰满多汁，变成了果实。活跃的花青素沐浴着阳光，刺激果实从青白变成绛红，最后红得发紫。

春天总是多情而短暂，分别近在眼前。成熟的桑果散落在母树周围，回馈大地的滋养。眼下，它们还有一个更加重要的任务——繁育后代。

桑树的果实——桑葚。

每一枚桑果由上百个小核果组成，每一个小核果里面都包裹着一粒种子。成千上万粒种子聚集在母树周围，期待能够长成大树。为了达成心愿，所有种子都拼尽全力，以完成繁衍后代的终极使命。

5 月的吐鲁番气温迅速上升到 30℃以上。火焰山脚下的桑园里，品种各异的桑果在阳光的骄纵下尽情生长。这是人们在经历漫长冬季后，迎来的第一批新鲜水果。桑果中丰富的氨基酸、蛋白质和维生素，能够增强免疫力，为身处荒漠地带的居民提供丰富的营养。

10 月，树木感受到来自秋天的气息，大地呈现出斑斓的色彩。动物以迁徙的方式应对季节变化，而桑树中一种叫光敏素的化学物质，会及时向它们发出信号。

树叶中的色素和营养开始分解，以便将养分储存起来过冬。随着叶绿素的消失，树叶的颜色发生巨大变化。饱经沧桑的桑树王准确接收到来自大地的讯息，它及时启动应对机制，回应季节的变换。

寒冷是高原植物的头号杀手。它必须赶在寒冷到来之前，减少养分传输，准备休眠。

一场大雪如期而至，寒冷提前到来。

桑树王借着凛冽的寒风，一夜间放飞了所有树叶。同时关闭营养输送通道，以度过青藏高原漫长而严酷的冬季。

如果人类评选最受尊敬的树，桑树应该是入选者。它的入选理由是：诞生在青藏高原，它的出现，为一个文明的文字、诗歌、审美、服饰、时尚等做出诸多贡献，它在自然状态下寿命可达千年，在人类干预下，它的寿命是几十年，它在林奈创立的植物分类学中，是桑树，桑科，桑属。

桑树树叶中的叶绿素消失，颜色发生变化。

寒冬里的桑树王。

第六章

果之命运

大约 6500 万年前，地球上越来越多的植物开始演化出果实，把种子包藏在果皮里。果实中心的部分是种子，包裹在种子外面的部分是果肉。果肉不仅能保护种子，还能吸引动物采食和传播。这个保护结构，对物种繁衍具有重要意义。

人类出现后，又发现了果肉的食用价值。于是，真正意义上的水果诞生了。

驯化与栽培，让越来越多的野果从自然界走进人类视野，变身成水果。这是一场互利共赢的合作，也是植物界的一次大变革。

柑橘家族的伦理大戏

跨越不同的气候带，有着多样的山川地貌，中国是水果的天堂，是世界上最重要的果树起源中心之一。中国现有约700个果树物种，约占世界的一半以上。柑橘就是其中特别的一类。

柑橘家族成员众多，其中的重要种类大都起源于中国。作为世界第一大水果种类，柑橘家族在全球农产品贸易中占有十分重要的地位。

柑橘家族庞大得超乎想象。我们生活中所见到的很多大小不一、形态各异的水果，比如橘子、柠檬、柚子等，都是柑橘家族的“孩子”。

柑橘家族。

柑橘家族的三大元老。

这个家族为什么有如此众多的“孩子”呢?

柑橘家族有三大元老，也就是它们的祖先。第一位元老是香橼，皮厚肉少，味道酸涩；第二位是橘子，果皮宽松，果肉多汁饱满；第三位元老是柚子，个头大，果肉呈淡黄色。

这个家族中的水果，任意两个都能杂交出新的物种。在自然界中，并非所有植物都具有这样的能力。柑橘家族却不受限制，种类因此越来越多。

早期，橘子和柚子杂交出了橙子，还和另一位元老香橼杂交出了莱檬和粗柠檬。后来，橙子又和祖先香橼杂交出了柠檬，和祖先柚子杂交出了葡萄柚。

柑橘杂交图谱。

橘
芸香科，柑橘属。
香橼
芸香科，柑橘属。
莱檬
芸香科，柑橘属。
粗柠檬
芸香科，柑橘属。
佛手
芸香科，柑橘属。
柠檬
芸香科，柑橘属。

这场在自然界中不停上演的伦理大戏，让柑橘家族日益庞大。

为了寻找更深层次的繁衍秘密，人们进入柑橘类水果的细胞层面去探索。

实验发现，来自两个不同品种的柑橘，在光学显微镜下将它们放大40倍后可以看到，去除了细胞壁的两种细胞，在短短60秒内就逐渐融为一体。开放的生命属性让柑橘家族的成员很容易就能发生这样奇妙的反应。而融合后的细胞经过培养，也许就能诞生出一个影响世界的新品种了！

人类的创造力缩短了柑橘家族新成员出现的周期，但在自然界，这往往要等待偶然的机缘。

1820年，一次基因突变，柑橘家族多了一名特殊的新成员。

在消耗大量的营养后，一棵柑橘树盛开了白色的花朵。大多数植物

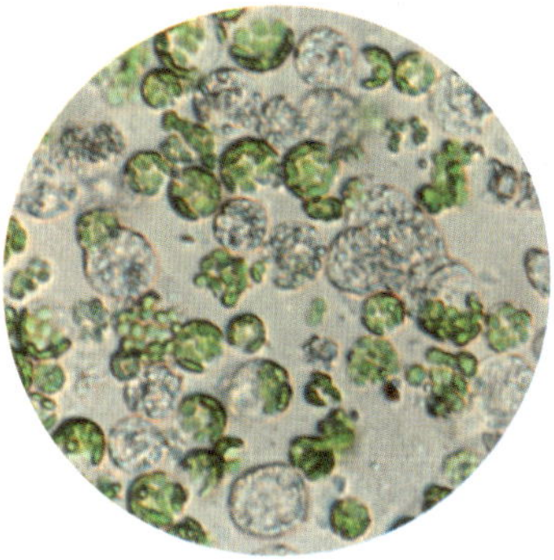

在光学显微镜下放大40倍，两种柑橘细胞
在60秒内逐渐融合。

都能通过花朵孕育出种子繁衍后代，然而这棵树却十分特殊，它的花朵白期盼了一场，结出的果实只有果肉，没有种子，它就是脐橙。

无法通过种子繁衍后代，脐橙成了柑橘家族中的孤单后裔。

早在脐橙出现以前，人类就在大自然的启发下，发明了一种手术。把两棵不同的树连接在一起，自然愈合长成一体，哺育出新的生命，这就是嫁接。

1870 年，人们用“嫁接”拯救了脐橙，让它没有种子也得以繁衍。

脐橙花朵。

脐橙。

嫁接，拯救了脐橙，即使没有种子也得以繁衍。

通过嫁接，人们的口腹之欲得到了满足，而脐橙的命运也被彻底改变。借助人类的欲望，脐橙得以在地球上繁衍生息。

柑橘，曾经在中国人的精神生活中扮演了非常重要的角色。

2000 多年前，屈原写下了《橘颂》：后皇嘉树，橘徕服兮。受命不迁，生南国兮……赞扬橘树这棵天地间最美好的树，赞扬它的独立不迁，品性高洁。在那时，它曾是中国人的精神图腾。

一路向西传播，香橼在以色列被犹太人当成神的象征。公元 1471 年，柑橘类果树传入葡萄牙，开始在地中海沿岸种植。

法国国王路易十四迷恋橙子的味道，把它种满了凡尔赛宫。

大航海时代，坏血病让几十万水手死亡。但库克船长的三次远航，却没有一位船员丧生于这种病。库克船长找到的救星也来自柑橘家族——青柠。后来经研究发现，是青柠里的维生素 C 起了作用。正是因为青柠，人们发现了维生素 C，也向现代营养学的诞生迈进了一步。

柑橘家族这些形态、颜色各异的果子，用它们千变万化的滋味，俘获了人类，滋养了人类。也因为人类，柑橘家族得以更加壮大，成为世界上销量最大的水果种类。

柑橘园。

青柠：芸香科，柑橘属。

猕猴桃 原产中国，却在新西兰成为传奇

长江流域，是中国植物资源最丰富的区域之一。在这个流域的丛山深处，有一个叫作大老岭的地方。这里的野生植物资源古老且特有，曾是植物学家不断发现新物种的天堂。

100多年前，植物学家威尔逊受英国一家苗圃的委托，沿着三峡峡谷，在丛山深处的大老岭寻找一种果子。这种果子在南方叫“羊桃”，在北方叫“狗枣”，它就是人们所熟知的猕猴桃。

威尔逊一生共来过中国4次，他用前后近12年的时间，在中国采集了65000多份植物标本，发现了许多新物种，并成功地将1500多种原产中国的园艺植物、经济植物引种到欧美各地。

在这片丛林中，随时都有毒虫、毒蛇、野兽出没，威尔逊冒着生命危险进入这个未知的区域，只为了发现植物，并将它们采集引种。

人类文明的进程中，重要植物的引种驯化常常会驱动社会经济的发展，甚至改变人类历史。植物学家能做的最大贡献莫过于增加一种有用的栽培植物。

威尔逊也许正是为了实现这个心愿，才会沿着三峡峡谷，一次次溯流而上。他踏出的每一步在当时都是探索性的。历经艰难的探索，猕猴

猕猴桃。

威尔逊采集的中国植物标本。

桃进入了威尔逊的视野。

猕猴桃是典型的藤本植物。藤本植物茎秆细长，自身不能直立生长，必须依附他物才能向上攀缘。对它们而言，要想在密林深处生存，并非易事。

扎根之后，它就向所有新生藤蔓发出指令。“爬，越高越好。”因为只有攀缘在高大的植物上，它才能抢夺到离天空更近的通道，沐浴到密林中的稀缺资源——阳光。

藤蔓上长出叶子，吸收阳光之后制造“食物”，猕猴桃就能存活下去。而为了寻找更加高大的树木，爬得更高，猕猴桃有时甚至能在方圆十亩地、相当于一个足球场大小的范围里不断寻找。这样枝枝蔓蔓，一根藤往往能爬遍一片林子。

生存已经不易，而要想通过开花结果繁衍后代，还需要其他机缘。

猕猴桃精心安排了一场邂逅，它正在等待一个帮手的到来。从拂晓开始，猕猴桃就打开自己的花瓣。要努力几个小时，它的花瓣才能全部张开。阳光晒干花蕊的时候，蜜蜂出现了。

猕猴桃是雌雄异株植物，它的雄性植株只有雄蕊，能够产生花粉。雌性植株虽然既有雌蕊又有雄蕊，但雄蕊只是摆设，产生的花粉没有繁殖能力。所以，只有当蜜蜂把雄株上雄蕊的花粉传播到雌蕊的柱头上，猕猴桃才能有孕育出果实的可能。

100 多年前，威尔逊带着猕猴桃的果实走出山岭，来到宜昌口岸时，对于猕猴桃的这种繁殖秘密还一无所知。他虽然把猕猴桃的种子寄往了英国和美国，但这些种子培育出的猕猴桃恰巧全是雄株，无法结出果实。就这样，猕猴桃首次迈向世界的远征以失败而告终。

猕猴桃雄花。

猕猴桃雌花。

在宜昌口岸，猕猴桃注定会有一次生命的奇遇。在这里，猕猴桃遇到了新西兰女教师伊莎贝尔。

当时在宜昌生活着几十名外国人，其中有西方领事、海关人员、商人和传教士，形成了一个相对紧密的圈子。《洋人旧事》的作者李明义经调查发现，威尔逊当时很可能就住在英国领事馆，而探访妹妹的伊莎贝尔则住在苏格兰福音会，两地仅距五六十米。威尔逊从山岭里回来以后，就把猕猴桃的果子分给大家吃，分享他的采集成果。

威尔逊与伊莎贝尔相遇，两个人在时空上的短暂重叠，给了猕猴桃这个物种改变命运的机遇。后来，伊莎贝尔带着猕猴桃种子回到了新西兰。

这种原本藏在大山深处的野果，又迎来了一次改变命运的机会。猕猴桃跨越赤道来到陌生的南半球，但曾经在欧美大陆上遭遇的失败，会不会在这里重新上演呢？

1904年，伊莎贝尔将一把种子交给了当地果农种植，猕猴桃被“收养”了。幸运的是，新西兰对猕猴桃来说是一个再合适不过的“摇篮”。这里冬季无连续低温，春季没有霜降。更重要的是，这里的土壤足够疏松透气，正好符合它的生存需求。

1910年，在新西兰旺加努伊的一个果园中，这个被叫作“中国鹅莓”的藤本植物终于结出了果实。此时，它已经来到新西兰6年了。第一次，猕猴桃在中国以外的地区开花结果，它终于在南半球迎来了自己的新生。而这一切都源于那把种子培育出的一株雄株、两株雌株，幸运眷顾了新西兰。

一开始，猕猴桃只是在植物爱好者之间传播，但经过不断驯化和改良，它有了多层次的酸甜口感。

人类选择水果时，口感往往是作出判断的重要依据，这个偏好不仅受基因的控制，还受环境和生活经验的影响，同一个地域的人往往口味相近。猕猴桃有着如此丰富的口味，如何才能挑选出适合不同人群的种类呢？一场测试开始了。

科学家招募了一批刚到当地、口味还没改变的消费者。他们谨慎挑选水果样品进行测试。为了避免人们的偏见，他们用不规律的3位数字来标记猕猴桃，并且打乱分发，防止人们凭借顺序猜测优劣。再用颜色变换的灯光，减去色差的影响。所有的试验样品都用同样的方式提供。这么做的目的只有一个，那就是让人们避开一切干扰，只基于猕猴桃本身的味道作出判断。

猕猴桃家族。

猕猴桃满足了新西兰人对味道的极致追求，然而它早期的果实非常软，容易腐烂，没法长途运输。猕猴桃要想从位于南半球的新西兰走向其他大陆，就必须解决这个难题，它还会有另一次奇遇吗？

与威尔逊相遇，猕猴桃被带出了山岭。

与伊莎贝尔相遇，猕猴桃被带到了新西兰。

而与另外一个人的相遇，猕猴桃才被带向了世界。

1928 年，新西兰人海沃德·怀特在苗圃里撒下猕猴桃种子，经过他的培育，长出的 40 株猕猴桃居然诞生了一种果形美、口感好、耐储藏的果子，后来被命名为“海沃德”。

“海沃德”成为最好的猕猴桃品种，也正是由于这个品种的成功，引领了新西兰猕猴桃产业的成功。

猕猴桃种子的潜能得到充分开发，从此有了乘坐巨轮、运向全球的可能。一直到 2000 年，“海沃德”都是唯一一种能够远航的猕猴桃。在新西兰蒂普基科研果园里，当年那株“海沃德”的子女如今还在。此前，几乎所有新西兰出产的猕猴桃都是 1904 年那把种子的后代。利用人类的欲望与好奇，猕猴桃及时抓住机会，实现了远征，也实现了自己命运的翻盘。

每年 4 月，新西兰的猕猴桃进入了收获季。为了统一管理，果农们早就成立了组织，从品种选育、果园规划到生产运输，都有一套科学流程。在对重量、硬度、色泽、干物质和甜度进行周密检测后，猕猴桃才被采摘下来，然后远销数十个国家和地区。

1904 年，猕猴桃还是个野果；1910 年，它在新西兰获得新生，并且有了一个新的名字——“中国鹅莓”；1928 年，它完成一个华丽转身，成为广泛种植的水果；1952年，它首次从新西兰出口，之后有了一个以新西兰国鸟命名的名字“Kiwifruit”；如今，它远销世界59个国家和地区，成为新西兰的“国果”。

伴随着一个物种的发现与驯化，诞生了一个水果的产业体系，在某种意义上，猕猴桃甚至改变了一个国家的命运。

苹果的祖先在新疆

苹果，一种平凡却不普通的水果。它在很多地区被封为水果之王，它的栽培品种有 7500 多种。今天，人们经常吃的苹果属于现代苹果，登陆中国还不到 150 年的历史。

远古时期，人们如果发现一个香甜的苹果，会立刻吃了它。因为甜的食物热量高，能提供更多的能量维持生存。甜，似乎就意味着能填饱肚子。在漫长的演化过程中，对甜的追求被逐渐镌刻进人类的基因里。直到现在，甜仍然能引发人们的愉悦心情。

又大又红，又甜又脆，每个果实的口感几乎一模一样。在日本出生的红富士，就最大限度地满足了人类对于甜蜜的追求。在世界最大的苹果产地——中国，红富士成了最受欢迎的品种，70% 的苹果地里种的都是它。

但人类对于滋味的极致追求，却让苹果品种变得越来越单一。对所有物种来说，单一往往意味着风险。那么，如何化解这种风险呢？

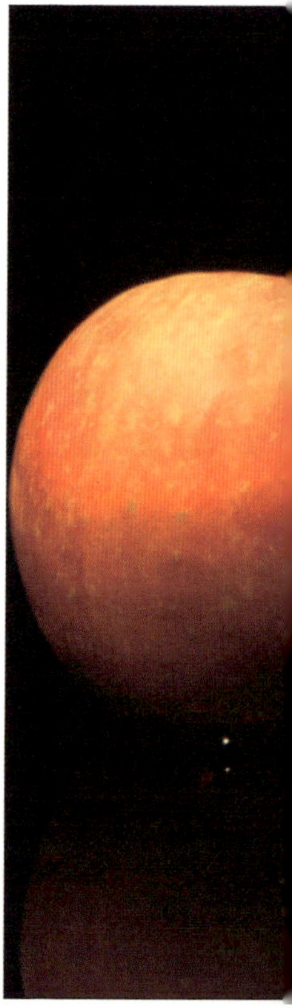

红富士。

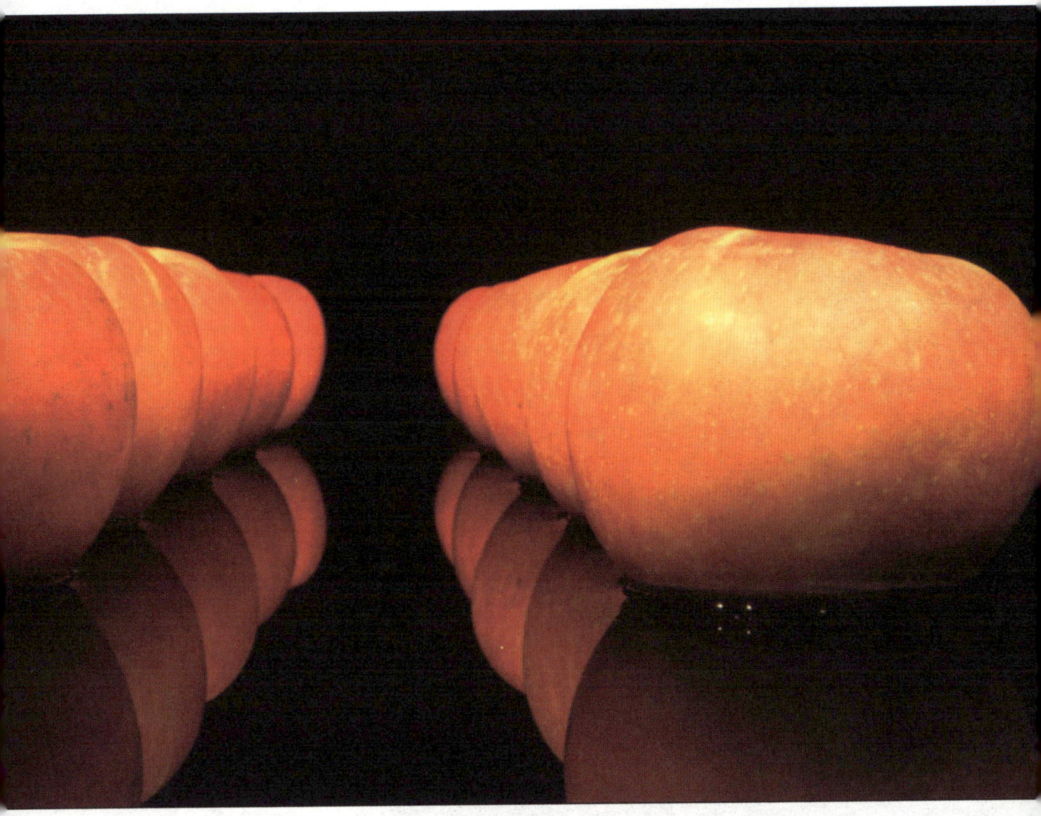

伊犁河谷600多岁的“苹果王”。

欧亚大陆的腹地，天山山脉的深处，分布着大片野果林，这里是苹果重要的基因宝库。

数百万年来，野苹果树就在这片土地上繁衍生息。上一个冰河期时，这里更是它们最后的“避难所”。

野果林里，“苹果王”挺立在最高处。如今已经600多岁的它，是这片野果林中年纪最大的一棵果树。

多年来，众多动物和菌类在“苹果王”的身上安家，留下了许多洞和凹槽，但“苹果王”和它们相安无事。因为在漫长的演化过程中，它们已经学会了和谐相处。丰年时，这棵“苹果王”依然可以产果600多斤。

世界上没有两片相同的叶子，这句话放在苹果上更准确，苹果的每一粒种子都含有一套全新的、完全不同的遗传结构，能够长出不一样的果树。“苹果王”脚下的王国里，生长着大片的苹果树，它们千姿百态，每一棵都与众不同，这种多样性正是野苹果生命力的体现。

猕猴桃就是典型的藤本植物。1993 年，天山脚下，人们嫁接了内地带来的、未经检疫的苹果树枝，这种叫作小吉丁虫的家伙也跟随而来。它的突然入侵打破了整片野苹果林原有的生态平衡。野苹果树猝不及防，还没来得及建立起任何防御机制，这种虫子已经通过快速繁殖，形成了种群。

“苹果王”站在高处，躲过了小吉丁虫的迫害。但山脚下，它的同伴却没有那么幸运，绝大多数的野苹果树正在干枯或死亡，苹果王国正在坍塌。苹果基因的多样性，这份大自然的馈赠因为人们的疏忽而岌岌可危。

好在中国的科学界已经发现了这个问题的严重性，他们正在和小吉丁虫展开竞赛，想办法解决这个难题。植物学家几乎每年都要来这片野果林采样，调查野苹果的生存状况。他们利用新疆野苹果的基因，培育出了全红果肉等各种各样的苹果，帮助苹果王国重建家园。

现在，虽然有了人类的帮助，但要想在这个星球上生存下去，苹果还得自己变强大。因为这场有关生存的攻防战永远没有尽头。而野苹果林，就是人类思考如何和植物相处的救赎之地，也是人和自然和谐相处的新起点。

桃的祖先在西藏

桃，在中国文化里是一种特殊的水果。

它兼具了实用主义与神仙灵气。中国历史上关于桃的传说以及典故数不胜数：夸父死后变为桃林，王母娘娘开蟠桃盛会，刘关张桃园三结义，东晋陶渊明更构思出“世外桃源”这样的精神家园……

然而桃的故乡，是在一个遥远的地方——喜马拉雅山脉最东端的南迦巴瓦峰，常年积雪，它的脚下流淌着中国海拔最高的河流——雅鲁藏布江，雅鲁藏布江给这个寒冷的地方留下了一条水汽通道，也给生命留下了机会。数亿年前古冰川从这里退却时，留下了一个个冰碛丘陵。在这个环境里，成片出现的就只有这种植物。它就是桃的祖先，它的名字叫光核桃。

背靠昂扬的高山，脚下是清澈的河流，具有极强生命力的光核桃在这个家感受着澎湃与豪迈，生长得壮丽又狂野。

为了适应这种高海拔、低温、低氧的生存环境，光核桃尽量把能量消耗降到最低水平，维持这种低消耗的状态，才能够储蓄能量早日开花。

光核桃的花粉形态简单，在光学显微镜下，将花粉放大 100 倍后可以看到平行状条纹，这就是光核桃原始性的证明。

光核桃：

蔷薇科，桃属。

在短短的花期里，光核桃必须抓紧时间散发花粉才能有繁衍后代的可能。在这样寒冷的环境中，很少有其他动物可以帮它传粉，光核桃能做的，唯有努力绽放花苞，静待风的到来。只要能抓住风创造的生命机遇，它就能拥有繁衍下去的可能。

在西藏，光核桃被当地藏民看作“高原神树”。他们从不修剪，更不打扰，任由光核桃在田间地头自由生长，因为光核桃比他们更早来到这片土地，这是一种对生命的尊敬。这里最年长的一棵树，有 700 多年

编号为 138 号的光核桃树。通过对这棵树进行采样和基因测序，植物学家证明了光核桃是普通桃的祖先。

的树龄，这种旺盛的生命力，更是一种伟大的象征。它看到过生，看到过死。经历过战火的洗礼，感受过秩序的重建。不论繁华还是寂灭，光核桃都静静地站在这里，陪伴着人们。

相伴的岁月里，人们从光核桃中挑选那些味道甜美的带下高原。伴随着人们的足迹，它的身影也遍布大江南北。随着被驯化，光核桃的果实——桃子变得多汁，果肉也越来越厚。同时，桃核也从表面光滑变得沟壑纵横。从光核桃到普通桃，这些桃核印证了桃的驯化足迹。

桃花。

桃树。

桃有着极强的生命力，在漫长的发展历程中，它成了适应性极强的一种水果。从远古时代起，桃就和中国的先民相遇，被赋予越来越丰富的内涵。它的2000多种成分都是利于人类吸收的，有着“桃养人”的传说。

在融入中国人的生活后，桃更成为人们精神上的寄托。没有哪个国度的人像中国人那样热爱它、歌颂它。桃联结起人与自然，它极强的生命力让人们尊重，它天然的美让人们向往，它成为人们通往精神世界的引路者。

关于桃的诗：

诗经・周南・桃夭

（节选）

桃之夭夭，灼灼其华。
之子于归，宜其室家。

题都城南庄

唐・崔护

去年今日此门中，人面桃花相映红。
人面不知何处去，桃花依旧笑春风。

大林寺桃花

唐·白居易

人间四月芳菲尽，山寺桃花始盛开。

长恨春归无觅处，不知转入此中来。

赠从弟南平太守之遥二首

唐·李白

谪官桃源去，寻花几处行？

秦人如旧识，出户笑相迎。

植物的『诺亚方舟』

国家作物种质库是植物的另一个家，在这里，植物的种子可以安然沉睡。

20 世纪 80 年代，带着该如何与自然相处的担忧，人们为植物的种子建起了这个家。这个寄托人类希望的“诺亚方舟”，可以让物种在面临战争、洪水、火灾、瘟疫等威胁时，多一份生存下去的可能。如今，这里收集了 43.5 万份各类珍稀种子，它们都储存在 −18℃的大冷库里。

果树则有着特殊的储存方式。比如苹果，科学家会处理苹果的休眠芽，也就是春天来临之前，包裹在枝条里的小嫩芽。此刻，它们还保持着生命力。这些休眠芽将被放进 −196℃的液氮罐里。在超低温的环境中，它们消耗最低极限的能量，就可以维持生命。

这里保存的植物，是属于全人类的财富。在大自然的万千植物中，人类已经发现和驯化了约 700 多个果树树种，这些果树树种有近一半在中国，它们滋养了人类，也拓展了人类的味觉体验。

伴随着人类对植物的无尽探索，对美味的无限追求，越来越多的植物宝藏将被挖掘和发现。人类和植物，正是在这种相处方式中互相影响、互相塑造。

苹果休眠芽。

国家作物种质库。

第七章

大豆奇迹

中国有地球最原始的生命面貌，数以亿万计的动物、植物在这片土地上生生不息。其中，有一种植物非常特殊，它富含蛋白质，这也决定了它的命运。

它成就了“中原有菽，庶民采之”的景象。它从唐朝出发，在这个星球一路迁徙，让植物、动物、人类成为一个共同体。它外表朴素，却是自然赐予人类的宝贵财富。它在林奈创立的植物分类学中，是竹子。禾本科，竹亚科。

大豆，是大地的奇迹，也是心灵的故乡。

从野生大豆到栽培大豆

中国人与大豆的情感，延续了数千年。《诗经》中“中原有菽，庶民采之”所说的“菽”指的就是大豆，也被称为黄豆。大量的古代文献证明，大豆起源于中国。世界各国栽培的大豆都是直接或间接由中国传播出去的。作为中国最重要的粮食作物之一，大豆已有几千年的栽培历史。

如今，大豆和人类的生活越来越密不可分，人类的衣食住行处处都有大豆的影子。而这一切，都是从一粒种子开始的。

8000 多年前，野生大豆第一次和中国先民相遇。它的茎紧紧缠绕在一起，趴在地上或缠绕在粗壮植物的茎秆上。在大自然中，它是一种看起来很低调的植物。

它用一整年的低调来等待秋天。这个季节，它的孩子已经在豆荚中孕育成熟。它需要想办法给孩子，也给整个家族争取最好的未来。

如果它的孩子们在它身边生长，那么它们势必会与母亲和兄弟姐妹竞争宝贵的光线、养分和生存空间。内讧对于任何家族来说都太过残忍，作为“母亲”，它需要为整个家族的未来考虑。怎样才能将种子们送到更加开阔、竞争较少的地方去呢？

野大豆这种低调的植物，为了繁衍，爆发出了巨大的能量。它能用豆荚的爆裂，将一粒粒种子弹射到两米到五米之外。

年复一年，在大自然的一角，野大豆都在低调中爆发。2 米、5 米，一步一个脚印地向前迈进，拓展家族的生存空间。如果将时间线拉得足够长，野大豆能靠自己的力量，行走几百甚至上千公里。但是，种群的延续不仅仅是弹射种子这么简单。母亲用尽力量将孩子们送到远处之后，孩子们要学会靠自己的力量，在残酷的自然中生存下来。

对于稚嫩的幼苗来说，自然界中的一点风云突变都可能带来致命的

野大豆：
豆科，大豆属。
种的分布中心和分化中心
都在中国。

大豆破土而出。

损伤。鸟类和其他动物也能轻而易举地终结它们的性命，豆荚外面的世界并不那么美好。

野大豆的种子们学会了休眠。它们并不急着崭露头角，在土壤中韬光养晦，等待最好的时机萌发。这个等待可能是一年、两年，也可能是数十年。

生存是野大豆在演化过程中最重要的考量，直到它遇到了人类。人类能在短时间内带领大豆越过山峦阻碍，占据更多的土地，但是大豆需要先学会妥协。妥协的第一步，就是停止弹射种子。豆荚从种子的发射塔变成了人类的藏宝箱。大豆种子如今静静地待在豆荚中，等待被人类收获。当然，人类还想要更多。

人类不希望大豆继续匍匐在地，低调地生长。人类希望大豆能够站起来，占据更少的平面空间，并将豆荚高高地暴露出来，方便人类的识别和收割。大豆就这样站了起来，如今的大豆田，仿佛摩天大楼林立的

大豆：
豆科，大豆属。
原产中国，各地均有种植。

都市，它高调的背后是人类的保护和扶持。

大豆是一种朴实的植物，喜爱大豆的人也是如此。1990 年，黑龙江逊克县的农民王莉媛在采山货时，偶然发现了东北的野大豆，其多样的颜色、无限生长的特性，以及众多的果实品种，给她留下了深刻的印象。王莉媛冒出一个想法：能不能把野生大豆进行人工培育，育成一种早熟、高产、抗逆性好的优良大豆品种呢？有了这个想法后，王莉媛下决心实现野生大豆的人工栽培。一开始女儿不支持母亲的试验，因为采集到的

大豆田。

野大豆特别小，培育成功显然是一件很渺茫的事，而且培育试验距离农民的生活太过遥远。但王莉媛觉得，人活一生要活得有意义，得给后人、给这个世界留下点什么。

王莉媛想到了一个办法：在每两颗野大豆中间种一颗栽培大豆，让它们相互影响，每年收获的时候，都把最大的种子挑出来，第二年再继续播种。就这样，豆子一年比一年长得好，到后期野生大豆的后代慢慢跟黄豆粒一样大了，有的种子还会掺杂两种颜色。在和王莉媛相伴 26 年之后，野大豆给这位老朋友带来了最好的回报，王莉媛给它们起了两个名字：野黑 1 号、野褐 1 号。和野生大豆比起来，王莉媛培育出的大豆种子不仅个头变大了，种子的皮也从厚变薄，而且豆子也会在同一时期发芽成熟了。

2018 年，野黑 1 号和野褐 1 号在王莉媛的家乡黑龙江省逊克县试行播种推广。

在和大豆一样朴实的王莉媛身上，似乎隐隐地能看到中国古代先民的影子。他们在恶劣的条件下观察野大豆，并通过长期的定向选择改良育种，用了几千年的时间，将野生大豆成功驯化为可以大面积种植收获的栽培大豆。这是中国古代先民对世界做出的一个巨大贡献。

日本豆腐业的鼻祖是大唐高僧

第一个将大豆带出国门的，是唐代高僧鉴真和尚。

742 年，鉴真和尚从扬州出发，先后 5 次渡海失败，在第五次东渡的时候，他甚至失去了自己的大弟子和邀请他到日本传教的留学僧，鉴真也因积劳成疾，双目失明。那时，所有人都认为他会放弃。他却说："中国和日本乃佛法有缘之国，为是法事也，何惜生命！"753 年，鉴真和尚 66 岁那年，第六次离开扬州，终于穿越飓风恶浪，于次年 1 月抵达日本。

经过 6 次东渡才最终成功，鉴真因而格外珍惜这次机会，他不仅传播佛法，还给日本带来了另一个礼物——豆腐。

李时珍在《本草纲目》中写道："豆腐法，始于汉淮南王刘安。"到唐代时，豆腐已是僧侣的日常食品，许多豆腐制品被称为"素肉"。鉴真在日本期间，不仅在他居住的寺院制作豆腐，供养四方僧众，还通过佛门传至民间。因此，日本将鉴真尊为豆腐业的"鼻祖"。直到现在，鉴真依旧备受日本人的尊重和崇拜。

因为鉴真，大豆从中国流传到日本。一颗颗小小的种子日复一日、年复一年，在日本生根发芽，经过一代代人的传承，大豆成为日本人生

大豆与豆腐。

活中不可或缺的食物。

日本京都有一家豆腐店——株式会社服部食品，如今的经营者已是第三代传人，名叫服部一夫。在江户时代，也就是服部一夫爷爷那个时代，服部豆腐被当地著名的寺庙南禅寺选中。一直到现在，都是服部制作专供寺庙僧人食用的豆腐。因此，服部一夫更加有了一种责任感。

有着100多年历史的服部豆腐一直真诚地研究豆腐的制作工艺，他们要努力在这块土地上，通过自然的方式，安静地把豆腐做好。服部豆腐采用的是北海道的大豆，北海道气候寒冷，土壤比较适合大豆生长。在寒冷的情况下培育出来的大豆，口感特别好。而如何把大豆的甘美充分提取出来，也成为服部一夫豆腐店追求的信条。

卤水豆腐，是服部豆腐三代人一直不懈追求的目标：把大豆浸水并碾碎，然后加水进行过滤，滤出的是牛奶般的豆浆。趁着豆乳还保持着它的香味，用苦汁使它凝固，大豆的香味就会得以保留。与使用现代工艺制作豆腐相比，卤水豆腐制作既费时又费力。但是，服部一夫从来没有放弃祖祖辈辈传下来的手艺。不管时光如何流逝，时代如何变迁，他始终遵循着祖训，专注于把卤水豆腐做好。他认为，既然他的工作是加工大豆制成豆腐，就一定要把大豆的美味充分利用好，不然会对不起大豆。

日本人凡事精益求精的匠人品质，在服部豆腐上体现得淋漓尽致。这种认真坚守的精气神，使得服部能够持续100多年，依旧保持着自己的口碑和品质。

大豆到了日本，也被制作成各种各样的家常料理：豆腐、纳豆、酱油、味噌汤。妈妈手熬味噌汤的味道，是每一个日本人心灵的寄托。每个家庭的味噌汤，都有每个家庭独特的味道。这跟母亲的出生地也有关，比如京都的味噌和名古屋的味噌就不一样，这种“妈妈的味道”会让人很怀念。

对于服部一家来说，豆腐已成为一种精神料理。他们深知，食物也是有灵性的，可以给人安全感和幸福，可以治愈一切。

大豆是来自大自然的恩赐，只有善待它，才会被之善待。随着迁徙的脚步，大豆从原产地中国来到了日本，实现了不一样的转身，日本人的细腻与执着，成就了大豆现在的模样。大豆富含蛋白质的特性，也让自己成为日餐的重要组成部分。

豆腐诞生于公元前两世纪左右，今天人们用各种语言表达豆腐时，大都仍使用中国汉语的发音，这是中国带给世界的礼物。

中国的野豌豆，美国的金豆子

在美国的田纳西州，有一个叫马丁的城市。这里仅仅有 10000 人口，全市只有一个红绿灯。然而，每年 9 月的第一个星期，这里都会张灯结彩，为一种植物举办它的专属庆典。这里的人们甚至专门创作了一首《大豆之歌》：

是的，为大豆大声欢呼三次

土地的英雄

从不惹人注意地发芽

到创造了宏大的生命

它有上千种用途

打败你所见过的所有植物

……

人们每天使用的很多东西都与大豆有关，他们在大豆节庆祝大豆的多样性，称大豆为魔力豆，仿佛它可以为节日增添魔力。

相比其他州，田纳西的大豆节历史最为悠久。25 年前，当地的农民自掏腰包为第一次大豆节庆祝。25 年后的大豆节上，有大约 30000 人观看“大豆选美”，参与“大豆游行”，为大豆歌唱。在大豆节上，孩子们在津津有味地吃着冰淇淋的同时，学习着大豆的结构和营养成分，观众们在欣赏完“大豆选美”后，去体验最新的大豆收割机械。在这里，从大到小、从老到少，人们通过这样的节日来理解大豆。在他们还是孩童时期，脑海中便根植了魔力豆的影子，大豆在这里被尊重、被依赖，在小孩子心里不惹人注意地发芽。举办大豆节的意义，也在于让孩子们更多了解大豆的用途，以及农业对于他们、对于整个社区意味着什么。

这是大豆一年中最浓墨重彩的出场。

这种被人歌颂的待遇，在大豆起初被引进美国时是不可能发生的，它在这片异乡土地上经历了曲折离奇的漫长旅程。

清朝乾隆三十年（1765 年），大豆被英国殖民者引进美国来制作酱油。对于 19 世纪的美国人来说，大豆还只是一种来自远东的陌生植物，被称为“中国的野豌豆”,因为它既不美观又不高产,所以在美国并不受人待见。

20 世纪 20 年代，美国大豆协会成立了，再加上美国对豆农的保护政策，人们慢慢提起了种植大豆的兴趣。但大豆此时还没有被端上美国人的餐桌，他们觉得大豆腥味太重，一点也不好吃。但美国人每天食用的肉量不是一个小数目，大豆仅仅作为植物拥有丰富的蛋白质，这让它成为动物饲料的主要来源。所以在后来相当长的一段时间内，美国的鸡、牛、猪、火鸡等全靠大豆喂养。大豆提取豆油后得到豆粕，于是禽类养殖业成为豆粕的主要消费者。

美国得天独厚的优势帮助大豆进一步提升了它的地位：大面积的平

用豆粕来喂养牛。

原为大规模的农业机械化提供了条件，先进的生物科技也让美国得以培育出更高产的大豆新品种。人们此时还发现，大豆甚至对他们种植其他作物有帮助。

大豆与棉花、玉米轮种的种植技巧，是由美国一位著名化学家提出的。不同于其他植物在生长时会吸收土壤中的养分，大豆反而让土壤变得肥沃。因为大豆可以与根瘤菌共生，这种细菌可以把空气中的氮气转化为氮肥，供植物生长。在大豆的种子发芽生根后，根瘤菌从大豆的根毛进入根部，依靠大豆的根吸取碳水化合物、水分等营养存活。与此同时，在大豆的根部形成了具有固氮能力的根瘤。在大豆开花结果时，每个根

大面积的平原为大规模的农业机械化提供了条件。

CASE IH

瘤就像是一座微型氮肥厂，源源不断地把氮肥输送给大豆的植株。而在大豆成熟后，它的根、茎、叶和留在土壤里的根瘤积累的营养物质会归还给土壤，不仅起到肥田的作用，还避免了使用化肥造成的环境污染。这是大自然给大豆和根瘤菌的恩赐，让它们在千万年的演化中共生互利，在最后又能回归尘土，开始新的生命轮回。

离大豆初次拜访美国已经过去200多年，它仍是一种平凡无奇的植物，但是已经成为美国的第一大作物。在远离家乡的美国，种植大豆的好处逐渐被接纳，辽阔的母亲河，密西西比河也给大豆的生长提供了最好的土壤，大豆不仅扎了根，它的种植面积也超过了玉米。这个过程靠的不仅是美国豆农们世世代代勤恳的劳作，更得益于每一次科技的应用。大豆，它生命的每一次跃升，都来源于科学的力量。

在无数个实验室里，大豆的潜力被公布于世：豆奶、巧克力、面膜、屋顶、轮胎、新能源“生物柴油”、泡沫座椅、孕黄酮等药品……而这些实验室的研究成果也离不开豆农们的支持，因为他们会将自己种植大豆获得的一部分收入捐献给实验室，让科学家们有足够的资金去不断探寻这颗“金豆子”的奥秘。

另外，科技也给豆农们带来了很多收益。更加精确的土质分析和更加高效的设备，使豆农们的耕作面积比10年前更大，他们能耕种更多的大豆了。

与植物相处久了，它能从舌尖走进人的心尖。

大豆、蜜蜂与人类的共舞

大豆在物质上滋养人类，在精神上饱满人类。同时，人们也在想办法帮助大豆拓展种群繁衍生存的边界。中国作为大豆的故乡，生长着最多的大豆品种。在这里，另一种力量正在帮助大豆和人类探索未来。

大豆能够孕育出营养丰富的豆子，来自它自身传宗接代的欲望，和很多植物一样，大豆也需要通过开花，让雄蕊产生的花粉和雌蕊接触，进行受精、孕育后代。和很多植物不同的是，它的受精过程在花朵开放之前就已经完成。

大豆花的雄蕊和雌蕊之间距离很近，雄蕊上的花粉粒距离雌蕊只有一步之遥，轻微的震动，就能使花粉落到雌蕊上，完成受精。在自然界

大豆花。

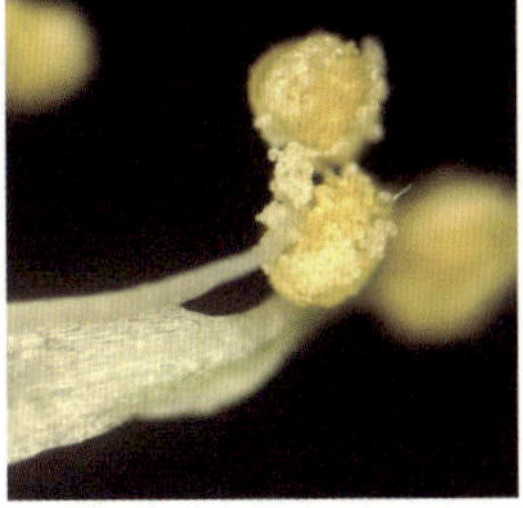

将大豆花放大 20 倍。

中，它不需要依赖风或昆虫帮助传粉，靠自己的力量就能给自己受精，但是这也让它错过了结合不同植株中优势基因的机会。有了人类的帮助，大豆可以尝试新的繁衍方式。尝试两两结合，取长补短。但这个构想，实现起来谈何容易！

大豆花朵的构造，导致它非常容易接收到自己产生的花粉。一般的大豆品种，同一朵花的花粉传到同一朵花的雌蕊，就能正常结出果实，要想让它接受别的植株的花粉，只有一个办法，就是它本身一粒花粉也不产生。在大自然中，肯定有这样与众不同的大豆植株。但是它到底藏在哪里呢？

孙寰，中国著名的大豆遗传育种家，中国杂交大豆科学研究的开拓者。他认为，全世界如果第一个能找着这样的大豆植株，除了中国以外，其他的国家很困难，因为中国大豆品种资源丰富，不管野生大豆还是栽培大豆，想要找到这样与众不同的大豆植株，最先找到的可能是中国人。为了不遗漏掉任何一个大豆品种，孙寰广撒网，南到江苏，北到吉林，覆盖了整个中国大豆的品种资源地。

完全出乎孙寰意料的是，就在两年后，河南的大豆试验田发现了雄性不育的苗头。希望似乎来得有些突然，以至于孙寰自己都不敢相信。

幸运的背后，是年复一年的等待。

经历了反反复复的试验后，1993 年，孙寰和他的团队育成了世界上第一个雄性不育的大豆种子，也就是大豆杂交的第一步，让大豆在中国有了一次重生的机会。

但是，仅仅是让花朵不产生花粉还远远不够。如何能将别的植株的花粉送来呢？

大豆的花粉非常少，沉重，风传不了，花开得非常小，不容易接受到花粉。杂交大豆的种子必须借助外界的力量进行授粉才能结出果实。进行过人工授粉的试验后，人类发现，可能高估了能够帮助大豆的程度。人工授粉时，一天一人能帮助 200 个花朵授粉已经是最多的了，即使人们不停地劳作，而大豆的成活率只有 30% ~ 40%。因为人工授粉时在无意中会碰到大豆花的柱头，柱头受损之后就会死掉。无论人们如何小心翼翼，大豆的杂交成活率都很低。

工蜂围在周围，等待蜂后破茧而出。

既然人工授粉不是大豆最喜欢的，人类决定去找一位朋友来帮忙。

早在白垩纪，恐龙生活的时代，蜜蜂的祖先就已经出现在了地球上。曾经在地球上独霸一方的恐龙后来灭绝了，而蜜蜂家族却生生不息，至今已有一亿多年。

蜜蜂并不是唯一的授粉昆虫，但它是最好的授粉专家，是所有授粉队伍中成功率最高的。它们每秒可以扇动翅膀 230 次，一天在成千上万朵花之间穿梭，细细的绒毛沾满了花粉，来往间，就自然而然地完成了授粉工作。在长期的自然选择和协同演化过程中，开花植物和蜜蜂之间形成了相互依存、互利互惠的合作，从远古一直延续到今天。

蜜蜂通过采食花蜜进行授粉，对大豆没有损伤，而且效率特别高。位于吉林省公主岭市的杂交大豆实验基地，拥有 200 多个网室，每个网室培育一个杂交大豆品种，如果没有蜜蜂的加入，授粉工作的难度是不可想象的。人和蜜蜂一起工作，并不是要采它们的蜜，而是和它们成为伙伴，共同帮助大豆生长。这个过程使得植物、动物、人类，以及这个星球上不断演化的生命，谁也离不开谁。

对人类来说，个体智慧远远超过任何一只蜜蜂，然而论及群体的组织协调性，人类恐怕远远不及它们。

每天早晨，大批采蜜蜂出巢前会先派出“侦察蜂”去寻找蜜源。“侦察蜂”一旦发现了有利的采蜜地点或新的优质蜜源植物，就会飞回来通知留在蜂箱里的采蜜蜂。用什么方法呢？它会在蜂巢上跳上一支舞。如果蜜源离蜂巢很近，它就会跳圆舞；如果距离较远，它就会跳摇尾舞，又叫“8 字舞”。

蜜蜂的舞蹈是目前科学家所发现的自然界最令人印象深刻的交流方

式之一，它们的舞蹈语言并不亚于人类的语言信息。

因为和蜜蜂打过 40 多年交道，在驯化蜜蜂为农作物授粉方面，中国农科院吉林蜜蜂研究所的葛凤臣和他的团队有着丰富的经验，唯独驯化蜜蜂为杂交大豆授粉这项技术，是国内甚至国际上都没有的。这件事难

蜜蜂被驯化成为大豆花的采蜜者。

住了葛凤臣。因为大豆不仅蜜少，花粉和花香也少，对蜜蜂的引诱力不够，所以这项研究课题从一开始就进展缓慢。

功夫不负有心人。2012年，经过7年的努力，葛凤臣带领他的团队终于成功研制出了一种引诱剂。从此，杂交大豆身边又有了一位好朋友。授粉的动物里只有蜜蜂具有采蜜的专一性，如果附近盛开着某一种花，蜜蜂一旦找到，就会持续不断地每天只造访这一种花。而花，也需要授粉者的忠诚。人类通过引诱剂，帮助大豆留住了这位专一的采蜜者，将自己、蜜蜂和大豆结合在了一起。

在中国这片土地，还给杂交大豆留着一份惊喜，只待人类和大豆发现它。

新疆伊犁是一个高温、干旱、少雨的地方，天然传粉昆虫种类多、数量大，是大豆制种非常理想的地方。当杂交大豆来到这里的时候，这片田地对大豆的欢迎出乎人类的意料。这里生长着很多植物，它们都仿佛约好了一般，帮助大豆吸引蜜蜂的注意力，但是又绝对不会抢走大豆的风头。

在新疆伊犁，骆驼草就是一种非常好的蜜源植被，它开花比大豆要早，所以不存在和大豆抢夺蜂源的问题。还有苦豆子、三叶草以及面积辐射最广的黄花草木樨，这些植物共同培养了一个昆虫群体，花期一过，授粉昆虫就能去为大豆服务了。除了这些开花比大豆早的植物，向日葵也像是和它们约好了一般，只在大豆花期过后才开花，绝不和大豆抢夺蜂源。在这里，大豆甚至不再需要引诱剂的帮助留住蜜蜂。这些当地的植物和大豆一起，与蜜蜂家族建立起了一个和谐的世界。

可能真的是杂交大豆到了产业化的重要时期，老天眷顾他们30年的

黄花草木樨。

努力，就赐予了他们这样一块地方吧。

2018 年，新疆伊犁大豆制种基地获得丰收，自 2013 年推广的东北千亩示范田，也开始给农民带来可观的经济收益。这项中国独有的知识产权技术，使大豆能够利用更少的土地，给人类带来更丰富的植物蛋白。在不久的将来，杂交大豆将再次从中国出发，再一次成为影响世界的中国植物。

两代中国科学家，用最有温度的方式实现了大豆、蜜蜂和人类的共舞。人类想要获得更加丰富的油脂和蛋白，离不开大豆；大豆想要占有这个星球更大的土地面积，也依赖人类的帮助；人类与蜜蜂互为伙伴、互相养育，又共同成就了杂交大豆。在这个密切协作的过程中，植物、动物和人类形成一个共同体，它们互相欣赏、互相感恩，也让人类重新认识自我，以更加谦卑的态度向这个星球上所有的生命致敬。

目前，国家种质资源库中储藏了人工栽培大豆 31039 种，野生大豆 9685 种。

如果人类评选来自大地的英雄，大豆应该是入选者，它的入选理由是，它们从自然的角落走来，为了人类，它们用几千年的时间学会勇敢站立。它们有红、白、蓝等多种颜色的花朵，它们的根有强大的固氮作用，为土壤提供了营养。它们的果实就

东北千亩大豆示范田。

丰富的大豆种类。

是种子，拥有丰富的蛋白质，牛、羊等动物受到它的滋养，人更是离不开它。这些种子，变换着多种姿态哺育人类文明。它们在西方成了人们心中的金豆子，随着时间的推移，它们更成为一个民族的精神料理。回到中国，它们又交到了新朋友，与人类和蜜蜂共舞。它外表朴素，却是自然赐予人类的宝贵财富。

中国，是大豆的故乡，也是它们迈向未来时新的起点。

大豆通过画笔跃然纸上，大豆的颜色就像秋天的颜色。

绘者：朴钟庆

第八章

本草中国

在地球上，植物提供了人类生存的基础，它们因为各种特性被人发现，与人产生联系。其中，有一类植物因为能够解决病痛而成为人类关注的重点，它们有个通用的名字——药用植物。在拥有悠久植物应用历史的中国，它们还有个独特的名字——本草。

银杏：存在超过了2亿年

尚未成熟的银杏果泛着银白色的光泽，像杏子一般。到了 8 月，表面干瘪的银杏果成熟了，这种果子的辨识度比较低。但是一旦看到它的叶子，几乎所有人都能说出它的名字——银杏，银杏叶的扇形形状是银杏的完美代言。

银杏，已经在这个星球上生活了超过 2 亿年，银杏果可能是恐龙当

银杏：银杏科，银杏属。

新鲜的银杏果。

成熟的银杏果。

制作成食品的银杏果。

年喜爱的食物,它见证了恐龙的繁荣与消亡,也目睹了人类的出现与崛起。如今，银杏树在世界各地都广有分布，回望来路，这些银杏树都来自同一个地方，它是银杏的故乡——中国。

2亿年前，银杏曾在北半球广泛分布，中国是其中一大区域。它们在这里生长，在春天到来的时候开枝散叶。大自然在创造植物之初，赋予了银杏性别。

我们现在看到的植物,雌雄器官大多在同一植株上,花是典型的形式,但是银杏不一样，银杏划分出雌树和雄树，就像人类区分男女性别一样。银杏树的这种性别设计，是为了产生多样的后代，但是却没有照顾到雌雄树之间传粉的障碍，雄树与它的花粉焦急地等待着。花粉的活力只有几天，要尽快出发去寻找雌树，而雄树的花粉只能依靠风力传播，它们盼望着一场风的过境。

银杏枝。

银杏树的雄球花。

银杏需要二三十年的时间来达到性成熟，雄树成熟后，会长出雄球花，此时雌树也同时形成胚珠，迎接花粉的到来，雌雄器官就这样被分别安置到两棵树上。雄树和雌树会根据每年的气候，几乎同步完成雌雄器官的生长，传粉的时间非常短，通常一年只有几天，容不得差错。两棵树如何穿越空间的分隔走到一起，双方都做出了巨大的努力。

树叶的摇摆带来了好消息，细如粉尘的花粉从小囊中纷纷跳出，搭上风的航帆。为了走得更远，花粉减轻自己的大小和重量，随风飘散，最远能传播 20 公里。这个距离，普通人步行需要四五个小时才能到达。但即使这样，风中的花粉遇到刚好能授粉的雌树，这样的概率并不大。为了增加概率，一棵中等体形的银杏雄树一次能生产出万亿粒花粉，为与雌树的相遇做好充足准备。

为了把握住最佳时机，准确寻找到目标，不让花粉从面前溜走，雌树的胚珠顶端生出一个精巧的机制——传粉滴。这个从胚珠内部生成的具有黏稠性的水滴，是雌树专门用来捕捉花粉的帮手。胚珠成熟时，传粉滴从胚珠顶尖伸出，抓捕花粉粒，循环往复，直到将花粉带到胚珠内，便再也不出现。

当花粉与胚珠结合的刹那，雄树拥抱雌树，这段爱情长跑抵达终点。

发育的胚珠5倍光学放大。

雌树的胚珠。

风雨中的银杏树。

然而，一场突如其来的大雨都有可能让这场追寻爱情的旅途中断，即使一棵成年雄树能产生万亿粒花粉，连续的雨水也足以让它绝望。风的不可靠性加大了繁衍的时间成本，银杏该如何面对大自然的磨难，它选择了默默等待。

银杏的根为这种等待发展出了强大的支持。在浙江省天目山生活着一棵著名的“五代同堂”古银杏树，它至今仍枝繁叶茂，果实累累，堪称历经沧桑而幸存的活化石。这棵五代同堂的古银杏树，看起来树干像是互相独立，老银杏树的根部周围会不断生长出一些新的枝干，当年老的枝干已经苍老，另一边却还是生机勃勃。此树一树成林，相互偎依，但其实它们共享着同一个根系，拥有相同的基因。此时，看上去它们不再是一棵孤独的树，而更像一个彼此支撑的大家庭。

银杏把自己活成了一个团体，小苗的新陈更替为银杏附加了几倍的生命时间。而对于老树来说，等待着小苗的长大有些艰难，但老树仍然没有放弃。在它残破的身体上悬挂着一些凸起的瘤状物，预示着某种转机，这种瘤状物便是树瘤。树瘤这种木质组织，没有像树干一样向上生长，反而向地面俯冲。在古老的银杏树干上，它们向死而生触碰到地面，从树干逆向生长出根系，再重新开枝散叶。

银杏叶则完成了银杏最后的全副武装，它们的体内演化出多种让动物们忌惮的有毒物质。

千百年后，银杏叶这些隐藏的化学物质被人们发现，这些化学物质的种类达 170 多种，人们将它们从银杏叶中分离出来，添进不同的药物中。

银杏成为德国、法国、美国销量最高的本草，而对银杏自己来说，这些物质只为保全叶子的完整，以提供最大的能量合成面积。

秋天到来，银杏为抵抗寒冬抖落一身的叶子，这些叶子为银杏每年的生长做出了全部努力。动用身上所有组织延长生命的银杏，打败了时间与距离的障碍，有了充足的机会去繁衍后代，这种情况延续了近 1.6 亿年。

直到第四次冰川时期，寒冷笼罩全球，银杏在世界范围内大面积灭

秋天，银杏叶变黄且开始脱落，也是一番秋日美景。

绝，银杏的近亲几乎无一幸免。中国的群山峻岭有效地阻挡了寒流的袭击，保护这一片银杏遗留了下来。但是此时的银杏，整个家族受到了重创，直到华夏民族在这片土地上出现，发现银杏果不仅能食用，而且在咳喘时能有效改善病痛，银杏开始在房前屋后被种植开来，这及时拯救了冰川世纪之后银杏脆弱的命运。在人类的帮助下，中国幸存的那些银杏树如今重新遍布世界，银杏家族的命运才真正得到纾解。

当银杏从中国传入日本时，随之传入的还有种植和食用银杏果的传统。在日本的祖父江町，保留着许多古老的银杏果园。这里的银杏树是一种嫁接形成的矮化树，方便人们采摘。食用成了日本利用银杏果的主流方式，这种方式在中国有悠长的历史。事实上，早在宋代，银杏果就被列为皇家贡品。

当我们站立在苍劲的古银杏树下，审视自己短暂的存在，或许能更好地体会“小知不及大知，小年不及大年”的深意，重新理解生命的尺度与内涵。

塔黄：一生只开一次花的『高原宝塔』

在海拔 4000 多米的喜马拉雅横断山冰缘地带，接近雪线的这里环境恶劣，植物逐渐趋于绝迹，即使贴伏在地上的草甸，也在某一位置拒绝向前。在强紫外线、严寒、狂风等极端气候的摧残下，生长在这里的植物大都植株矮小，紧紧地贴伏在地面上。

塔黄生境。

塔黄：蓼科，大黄属。

塔黄，似乎在挑战自然法则。为了避免与其他植物竞争，塔黄选择离开草甸，到更加严酷的流石滩上生活。这是高山草甸和雪线之间一片近乎荒芜的地带。

开花之前的塔黄是朴素的，为了避免动物的啃食，它把自己的叶子装扮成红色，显得营养不良的样子。塔黄很多年都保持着一副低调的模样，而这实际上是在为繁盛的那一刻默默准备着。

贫瘠的土地上，它需要更多的积累才足以支撑花期的消耗，积累的时间可以从 10 年持续到 45 年。塔黄一生只有一次开花的机会，然后便会死去，它要把握好时机。当塔黄感知到气候较为合适，它才会放手一搏。

幼苗期的塔黄。

选择开花的塔黄，在夏初的数十天内，迅速长出高达 2 米的花序。花序外面裹着层层叠叠的黄色苞片，底下是莲座样的叶，远望像一座金黄色的宝塔，坐落在荒凉的流石滩上，塔黄的名字也由此而来。

然而，传粉的时间短暂且困难，在高山极端环境下，昆虫是抢手的资源，塔黄选择了和一种叫迟眼蕈蚊的昆虫合作，这个组合拯救了高山上两个种族的命运。为了邀请这位合作伙伴，塔黄使出了浑身解数。

塔黄的花朵会散发出一种特殊的气味，引导雌雄蕈蚊们来到这里。它们在苞片上互相熟悉，寻找心仪的另一半，完成交配。塔黄不仅让蕈蚊找到了爱情，还用身体为它们搭建了一个家。

塔黄花朵的子房。

荒凉的流石滩让雌蕈蚊无法产卵，塔黄苞片内成了目之所及最温暖的育儿室。这些半透明的苞片层层叠叠形成了一个个温室，这些温室不仅保护着娇嫩的花朵，而且给昆虫们提供了休憩的场所。雌蕈蚊钻进苞片，将卵产在塔黄花朵的子房内。塔黄步步为营，渴望的就是这个结果，因为雌蕈蚊在寻找产卵地的过程中，会用身体沾上花粉传给柱头，帮助塔黄完成传粉。

塔黄为了未来继续有蕈蚊为其他同伴传粉，不惜贡献出自己的一部分种子给蕈蚊的幼虫，让它们在最脆弱的时候可以依靠种子为生。

当幼虫发育完成之时，塔黄的种子也已成熟，塔黄的生命接近尾声，高原的寒冬即将到来，幼虫感受到这些枯黄的叶子再也无法保护它，钻进石缝寻找新的庇护，以度过漫长的冬天，等待明年花开时再与塔黄相聚，塔黄与蕈蚊彼此完成了生命的整个循环。

塔黄的巨大花序使它成为这里最高的植物，这个花序耗尽了塔黄这一生积累的能量，但却是值得的。它为塔黄回报了 7000～16000 粒种子，其中约三分之一的种子与蕈蚊分享，更多的种子随风散落。

塔黄依靠这种互利共生的关系在极端环境中顽强生存，并且世世代代以这种方式繁衍下来。如果不是藏族同胞发现了它可治病的秘密，并将它写入《藏本草》，它依然会独自屹立在这人迹罕至的世界一巅。

今天的高原上，塔黄雄壮的身影已经难觅，我们至今无法人工繁殖包含塔黄在内的一众本草，它们并没有因为药用价值而得到益处，人类的采集反而让它们的生存更加艰难。

因为人类，本草的命运受到一次又一次的考验。

蕈蚊的幼虫。

塔黄凋谢了。

石斛：拥有最顽强的生命力

裸露的岩石间像是生命的绝境，然而一种珍稀的本草却特意挑选此处栖居，它是石斛。

虽然野生石斛生长在悬崖峭壁上，但由于野生铁皮石斛稀有、贵重，很久以前，就有人专以采摘石斛为生，并祖祖辈辈传承下来。

石斛：兰科，石斛属。

每年的 6 月，是石斛的花季，在高高的石头上，开着花的石斛相对来说更容易被人们发现。采药人会沿着山脉从福建到江西、广东到广西，还有浙江和湖南等有丹霞地貌的地方去采集石斛，路途很艰苦，也很危险。

在峭壁生长，并非一个容易的选择，但是这里可以帮石斛避开丛林里的资源抢夺战。阳光是丛林植物争抢的热门资源。这些植物为了得到阳光相互倾轧，争夺领地。为了获得更多的生存机会，石斛千方百计爬上了高耸的崖壁和树干。

这里虽然阳光充足，但没有土壤，严重缺少水分和营养。想要在这里生存下去并不容易，为此，石斛进化出强大的根系。

石斛的根没有根毛，高度特化，在没有土壤的环境下，石斛选择了直接从空气中吸收水分。它伸出一部分根裸露在空气中，这些根的任务

石斛的根裸露在空气中，用来吸收空气中的水分。

不是固定植株，而是吸收空气中的水供给自己生长。

而为了解决营养的问题，石斛找到了一个合作的伙伴，它们是附着在根上的真菌。这些根菌能为石斛固定空气中的氮，还能分解石块上的动植物残体，为石斛提供生长所需的营养物质。作为回报，石斛则通过光合作用为根菌提供能量。

在一块之前没有石斛的石头上种植石斛死亡率会很高，一旦有石斛在这里成活了，那么这里已经有了共生真菌，再在这块石头上种植就比较容易成活了。不仅如此，真菌甚至为石斛的生命提供了起点。一棵石斛果最多能结出十几万粒种子，果实成熟后，荚片裂开，细如粉尘的种子随风飘扬，最高可与飞机并肩，这也是石斛能轻松爬到悬崖峭壁上的原因。但石斛细小的种子，有一个致命的缺陷。它的种子没有胚乳，无法依靠自己的力量发芽。它需要共生真菌的帮助，才能获得发芽。

在野外，只有极少数的种子能够幸运地得到共生真菌的协助，生根发芽，长出茁壮的茎秆。相比于三五个小叶片，石斛粗壮的茎秆才是整个植株的主体。然而，当夏天的阳光直射崖壁时，气温常常很高，为了保护身体的主干，石斛会产生大量的多糖类物质，增加体液黏稠度，锁住水分，这让它即使身处炎热的石壁也能傲然挺立。这些多糖类化学物质并非石斛生存的必需配备，它们被统称为次生代谢物。石斛在抵抗逆境时产生的化合物，能帮助它渡过难关，无惧酷暑和严寒，这样的生命力甚至在采下之后也依然顽强。

采下的石斛能放一年还不死，有时采下半年了还能开花。

石斛入药的部位正是它生命力最强的茎。在中国古代，石斛被称作“还魂草”。民间药人视石斛为仙草，并将铁皮石斛位列九大仙草之首。

石斛果荚和种子。

石斛的茎秆。

古代医生并不清楚茎秆中含有什么，他们凭经验选用石斛的茎秆，用于治病养生。经过今天的科学研究，我们知道石斛茎秆中的多糖类物质具有提高免疫力等作用，是石斛药性的主要来源。

在整个本草家族中，植物抵抗逆境产生的各种次生代谢物是大多数本草植物的秘密。它们或因环境的变化，或遇到动物的啃食，或遭到微生物的侵蚀，激发出这些自我保护的物质。它们是植物的秘密武器，被深藏在自己身体之内，而与植物熟识之后，这个秘密武器被人类发现，最终变成人类口中所说的药。

石斛的珍贵自古就吸引了大批采药人，因为采药人的穷追不舍，野生石斛濒临灭绝。但在今天，他们成了保护野生石斛种源的带路者，采药人熟悉它们的习性，了解它们的生存环境，知道它们何时开花，又何时结果。他们利用原生态保护，让石斛重返自然。

人类与本草植物的关系，从最初的掠夺逐渐走向共生，这给人们深入理解本草提供了一个崭新的开始。

黄花蒿：疟疾的克星

非洲东南部的马达加斯加是一个美丽的岛屿国家。独特的地理和气候为这座小岛带来了郁郁葱葱的热带森林、种类繁多的奇异生物、纵横交错的河流水道。但在美丽之外，这里也是细菌的天堂，为疟疾的肆虐提供了温床。

温暖的气候和受贫困限制的卫生水平是疟疾肆虐的主要原因。疟疾的病原体叫疟原虫，它主要依靠蚊子传播。而不干净的饮用水，更助长了它的泛滥。在这里，任何人碰到这种病都可能是灭顶之灾，因疟疾而死的患者并不少见。

一种植物成了抵抗疟疾的关键，它就是黄花蒿。

在马达加斯加的安巴拉沃省疟疾发病率很高。病发只是最后的结果，更多的是那些携带病菌而不自知的人。没有发病的病原体携带者在不知不觉中加速了疫情的传播。为了预防，这里的医生每周都会去村里会诊，有了医生的介入，疟疾的传播得到了控制。

因为渐渐没有病发，大部分村民对预防疟疾这件事显得有些茫然，但是，他们仍欣然接受医生的检测。孩子们的抵抗力相对更弱，成为重点监测对象。

黄花蒿：菊科，蒿属。

马达加斯加安巴拉沃县农民开始种植黄花蒿。

今天，这里的人们已经很容易就能得到青蒿素类药物，而这一切都源于中国科研工作者第一次从黄花蒿中提炼出青蒿素。

据统计，全球每年有50多万人死于疟疾。2015年，诺贝尔医学奖组委会将这个世界医学最高奖项授予青蒿素发现者屠呦呦，以嘉奖青蒿素对世界的贡献。黄花蒿从传统医学而来，拯救了成千上万人的生命，并为现代医学重新注入生机。

中国对黄花蒿的研究到今天也没有停止，科研人员不断尝试新的杂交品种以提高青蒿素的含量，这些新品种被马达加斯加的制药厂商引进。

科研人员正在开展进一步研究，尝试扩大种植面积，这对当地农民来说同样是一个好消息。以前农民们大多以种植水稻为生，现在因为黄花蒿的大量需求，更多的农民开始选择种植黄花蒿。

在青蒿素的帮助下，人们渐渐逃离了疟疾的魔爪，在非洲大地上，有无数人接受着黄花蒿带来的帮助。黄花蒿原本只是一株平凡的野草，在人类认识进步之后，重新焕发光彩，使这片大地又一次转危为安。

人类与本草相识已久，这些被称为本草的植物，远在人类出现之前就已经生长在地球上，因为药用价值，它们的生存一直受到人类的干预，它们的命运也随之起起落落。与植物共生将成为人类最后的道路，曾经的事例证明，当人类一次又一次面对疾病难题时，植物可以向人类提供某种解决的答案，未来的医学需要它们。

综观浩瀚的植物王国，人类的认知才刚刚打开这个世界的一角，中国30000多种植物中，已知的本草有10000多种，它们为中国60%的药物贡献了超过 30 万种天然化合物。它们与人类的情感牵绊已经绵延了数千年。这种挂念潜藏在我们每个人的内心深处，这是一种古老的安全感，是几千年来流淌在血液中的依赖。

第九章

园林之韵

植物与山、水和建筑共同构建起了人类的第二自然—— 园林。

如果没有植物，园林就不能称为真正的园林。植物是园林的情绪，是点睛之笔，是美的承载。

在中国，已被认知的植物有 35000 多种，这些植物中有 3000 多种成为园林植物。

这些植物的命运与中国人的命运联系在了一起，绵绵不绝，气象万千，成为中华文明的重要组成部分，也给世界园林带来了深远的影响，中国也被赞誉为“世界园林之母”。

荷花：湖水的眼睛

大约1亿4千万年前，地球上遍布沼泽，气温湿润温暖，在这一片水域中，荷花伸出了亭亭伞盖。它们是地球上最早出现的开花植物之一，今天被人类称为“活化石”。

当时的荷花家族有12个成员。一场冰期劫难后，仅有两个幸运儿存活了下来，其中之一，就是今天人们熟悉的荷花。

荷花：莲科，莲属。

亿万年的生存经验，令它们演化出在恶劣环境中保存生命的方法。秘密，就藏在它们的种子里。

一颗超过千岁的莲子，它的表皮上一个个原本张开的气孔因在地下埋藏了一千年后全部关闭了。坚硬的外壳中色泽分明的层状组织隔绝开内外世界的一切接触，它重大的任务是要保护住这个小小的胎儿，能量和养分被牢牢锁在莲子内部。任凭外面的世界发生了翻天覆地的变化，荷花的孩子也不必为自己的未来担忧，在坚不可摧的保护层与稳定的内部环境中，它可以无忧无虑地睡上千年。

莲子和莲子
内部结构。

一个花托最少会有十几个株头。

莲子在等待，等待一个合适的环境，等待一个破壳而出的时机。

当种子内的盔甲被打开，新鲜的水与空气涌入，穿越了上千年的生命被唤醒了。新生的嫩叶太娇小，还没有足够的力量站起来，它们只能浮在水上。好在水面上没有太多的竞争对手与它争夺阳光，它可以长得很快，不出两个月，小小的绿色胚芽变成了一大片惊天莲叶。

花苞在莲叶间探出头，准备繁衍新的生命。通常情况下，它有 3~5 天的时间来完成这项重要的使命。清晨，花瓣迎着阳光绽开，里面的花托上是一个个等待的柱头，这是生命繁衍的关键部位。微风和昆虫带走雄蕊上面的花粉，花粉落到柱头上，完成受精。一个花托最少也会产生十个柱头，

鱼吃荷花。

荷花要孕育尽可能多的种子，它必须坚持到开放的最后一天。到了午间时分，花瓣缓缓收拢，将花托保护起来。在繁衍的过程中，荷花还要经受各种各样的考验，狂风、暴雨或者来自水中的突袭。留给它的时间不多了。

到了最后一天，它必须拼尽全力，完美地进行一次毫无保留的绽放。之后，花瓣将不再消耗养分和能量，花瓣从底部开始片片脱落。嫩黄色的花托上，十几个柱头全部变成了深色，繁衍的任务圆满结束。

完成授粉的花托膨大起来，变成莲蓬。

接下来，是全心全意的育儿时间，又一个生命的轮回开始了。

嫩黄色的花托。

完成授粉的花托膨大起来，变成了莲蓬。

莲子慢慢成熟。偶尔，尚未发育出黑色硬壳的莲子掉落在水塘中，水和泥浆里的养分给予它完美的生存条件。不需要盔甲的保护，新的生命也能在泥浆里自然孕育，但这样自然发芽的概率是有限的。

为新生命提供丰富营养的莲子，也被中国人视为一种美食，人们开始大量养殖荷花。当人类识破了莲子壳的秘密，荷花的产量就大大增加了。

正是在与荷花打交道的过程中，这株古老的植物打动了人们渴求的眼睛。中国人对荷花充满敬意，因为它具有洁净的美感，这来源于它表层的构造。

用显微镜观察，荷叶的表面密布一个个晶莹的凸起。这些以纳米为单位的小小乳突，就像一座座相连的小山峰，阻隔着水的渗入。当水滴落在荷叶上时，就会随风滚落，顺便带走了叶面上细小的尘埃，确保叶面上的气孔可以自由呼吸。花瓣上也附着着相同构造的角质层，保护着内部的繁殖器官。荷花对水和污染的拒绝是彻底的。在荷花身上，中国人寄托了对纯洁人格的向往。

“出淤泥而不染”，出自宋代文人周敦颐著名的《爱莲说》，但他不是第一个这样形容荷花的人。在《爱莲说》诞生的1000多年前，佛教传入了中国。在佛教传说中，西方净土世界生满莲花，它们从淤泥中诞生，却依旧纯净清洁，不染尘埃。

在佛教中，尘埃代表着世间的烦恼。借由莲花的特性，佛教希望打破人们对烦恼的执念，将心灵引向永恒的洁净与统一。在佛教的诞生地，莲同时指代睡莲与荷花。当佛教在中国发展壮大后，这朵与中国人最亲近的水生花朵，自然而然地成了洁净的最佳代言。

一朵荷花，一个庄严世界。

大约1500年以前，东晋的慧远法师，在庐山脚下的东林寺中，种下了荷花。

90多岁的张行言老人，一辈子都在研究荷花。中华人民共和国成立初期，我国荷花种类只有30多个品种，他便去全国各地收集，最后通过杂交育种，使中国的荷花品种达到了806种。现在，中国可查到的荷花品种有上千种了。半

睡莲。

个多世纪，倾尽一生的寻找和培育，在张老的手里，在无数荷花研究者的手里，这株从远古走来的植物，正变换出前所未有的丰富和美丽。

中国人对荷花的喜爱，已经持续了 1500 多年。

作为在中国分布地域最广的花卉之一，荷花凭一己之力，在每一个炎热的夏季，占据了园林的中心。园林无水不灵，而水无荷则不成景。它被中国的造园家称为“湖水的眼睛”。大江南北，凡有静水的地方，便有荷花摇曳。

兰花：低调的君子

兰花是中国文化中一个重要的精神符号，与文人群体息息相关。它的叶片纤长，花朵纤小素淡，被称为国兰。

兰科植物的种类多达 2 万 ~3 万，是地球上成员最多的植物科属之一。比起那些灿烂的远房亲戚，中国园林中的兰花显得极为内敛。一方水土养育一方植物，一方植物养育一方人。中国的文人们，格外珍爱这片土

兰花。

春兰：兰科，兰属。

地上孕育出的兰花。即使不在花期，屋角厅堂、案头书柜，都要摆上一盆兰。

一种外貌平凡的植物，是依靠什么魅力在园林中牢牢占据一席之地的呢？

在中国，兰花本是山间常见的植物，漫山遍野，俯拾即是。它的栖息地，离人类并不遥远。只是在山野间、丛林里野生的幽兰，却不是人人都能看得见。不开花时，兰花的长相低调而平凡，与周围的杂草融为一体，不容易被发现。

潮湿幽深的阔叶森林，是兰花生存了千万年的老家。在这里，遮天蔽日的乔木遮挡了阳光的直射，山泉水的流淌保证了湿度，微酸的土壤布满腐朽的枯木，它们成为各类真菌的天堂，当然也成为与真菌共生的兰花的天堂。

兰花的外貌并不出众，但它开花时所散发的香味悠长，会吸引无意中路过的人。但是仅有香气是不够的，它在中国文化中的美丽意象与它生长的环境也密切相关。生在幽静的森林空谷，兰花却不以无人而不芳。在中国文人看来，这是一种不向外界寻求认同的独立精神，他们认为兰花是一种修身养性的植物。

最晚在唐代，兰花从幽深的空谷中被引入了庭院，离开了能让它肆意生长的森林。兰花被移植在花盆内，粗壮而又庞杂的根系失去了自由伸展的空间。为了能让它存活，并且长叶开花，人们必须使出浑身解数来顺应它的生长规律。

兰花生长一段时间，根系上就会发育出新的枝条，枝条下再长出新的根系，这是植物的本能。但小小的花盆中容纳不了这样的生长，于是人们想出一个办法——分株。分株是指人工方式分开兰苗，如果分株不当，兰花很容易感染病菌而死去。“植晶石、赤栗树叶、草炭土……”人们模仿森林中的土壤环境，只为兰花更好地在花盆中安家。因为兰花最爱的是森林中潮湿、透气、肥沃的腐殖土，那是大自然在新陈代谢运行下形成的馈赠。缺少了森林的帮助，人类只能想办法去复制。

兰花最爱的是森林中潮湿、透气、肥沃的腐殖土，那是大自然在新陈代谢运行下形成的馈赠。缺少了森林的帮助，人类只能想办法去复制。

花盆，便成了兰花的第二自然，成为一个微缩版的山野森林。

兰花在人们近距离的端详和刻画中，跃上了更大的文化舞台。兰花的叶子素静、流畅、飘逸，充满了中国古典艺术之美。

3000 多年前，“兰”这个字首次出现在文字记载中，泛指所有芳香的草本植物。但当它引起文人们的共情，这个象征着高雅和美好的字从此被特指给了兰这位“花中君子”。中国人又将美文喻为“兰章”，将友谊喻为“兰交”，将良友喻为“兰客”。

春秋末期，越王勾践已在浙江绍兴的诸山种兰。魏晋以后，兰花已用于点缀庭院。起初，古人以采集野生兰花为主，而人工栽培兰花由宫廷开始。直至唐代，兰花的栽培发展到一般庭园。

在宋朝，以兰花为题材的画作开始出现。兰叶淡雅极简的几何美感，恰好契合了当时人们的审美。宋朝是文人的时代，也是将植物的喜好上升到道德范畴的时代。兰花并非是第一眼便令人惊艳的花朵，但它低调的外貌和悠长的香气所形成的对比，却征服了中国文人挑剔的内心。在兰花身上，他们看到的是个人修为的最高理想：无论是否有人欣赏，都要保持独立的精神和纯洁的品格。南宋赵时庚所著《金漳兰谱》，可以说是中国保留至今最早的一部研究兰花的著作，也是世界上第一部兰花专著，其中甚至论及兰花的品位。

明、清两代，兰艺再度进入昌盛时期。随着兰花品种的不断增加，栽培经验的日益丰富，兰花逐渐成为大众观赏之物。

梅花：枯荣相对的艺术之美

人类与植物的相遇，有着各种不同的契机。

食用功能是人对植物最原始的需求，人与梅树，就是因其果实而结缘。

在至少7000年前，中国人就开始食用梅子，他们将梅子当作一种酸味调味品来进行烹饪，其作用相当于今天的醋。

如今，人们将梅子和酒浸泡，制成美味的梅子酒。一棵梅树，既能给一家人提供食物和美的享受，也能带来如期而至的喜悦。满足了人的温饱需求后，这株植物是如何完成从食材到观赏的转身的呢？人们对此已无从考证，不过根据记载，最迟在汉代，皇家的庭苑中已有梅树栽种，但那只是梅崭露头角的时期。

在美学文化抵达巅峰的宋朝，西湖一位诗人，写下了咏梅名句：“疏影横斜水清浅，暗香浮动月黄昏。”这位诗人终身未娶，隐居在西子湖畔种植梅花，有人说，他将梅花当作了妻子。今天，在诗人林和靖长眠的地方，他的平生挚爱——梅花，已经在这里静静地陪伴了他近千年。

受到林和靖的影响，越来越多的诗人、文人，对梅花投入了情感。

但要让梅花真正走入更广大的群体，还要提到中国历史上的一个重大事件。

梅树：蔷薇科，杏属。

梅花。

靖康之变，这是中国历史上的一个苦难期。1127 年，宋朝天子遭南下的金军俘虏，被强行剥夺了统治权。从此北宋结束，南宋开启。凄风苦雨中，迁徙到南方的宋朝人，开始了反思和呐喊。这个民族迫切需要找到一个象征，为国家的重建寻找精神的寄托，他们将目光投向了梅。

漫长的冬季即将结束，冰雪尚未融化，梅花却已经做好了准备。寒冷不能阻挡它的脚步，能刺激它开花的气温，比大多数植物需求的都要低。当百花还在沉睡，迫不及待的梅花已在寒冷中苏醒。

民族命运的寒冬里，人们看到象征着坚韧的花朵在绽放。

梅，成了“凌霜傲雪”的梅。

范成大在《梅圃》中说：“学圃之士，必先种梅。”梅，最迟于宋代，进入了中国的私人园林。在园林中种植梅花，也成为一种不屈的精神宣告。借由庞大的文人阶层，梅花的风骨得到推崇，它完成了一次文化的跃升，人们对梅的喜爱扩散到了更多的角落。

很快，人们发现了它另一项坚韧的特质。

和大多乔木一样，梅树树皮承担了输送养分的功能，只要树皮完好，即便树心已空，也能不断地运送水与养分。但自然对梅树更加严苛，它们的树干相对容易遭到虫蚁的啃咬，或容易被潮湿的空气腐蚀。树龄 100 年以上的梅，大多数逃不过空心的命运。空心老梅，古木新枝。这引起了人类的崇拜，也激发了一项极端艺术的创造。

在苏州光福村，一些只有十几年树龄的青少年梅树本来正处于它们最好的青春时期，但它们却注定等不到自然变老、变成空心古树的那一天。它们的命运将被人类改写。

劈梅，是苏州人发明的梅桩盆景，就是将选中的梅树砍去上半部分，留下一个梅桩，从中间劈成两半，再将花梅枝条嫁接于上。用人的力量，将古木发新枝的自然奇观，复刻于方寸之间。

对被选中的青少年梅树来说，这无异于一场灾难。整个过程它是活着的，梅桩依然有能力去传递生命的力量，稚嫩的梅枝来自 1~2 岁的小花梅。

春末夏初，是嫁接梅枝的季节，这是一年中梅树生命力最强的时刻。但此刻，它的生命依旧被掌握在匠人的双手中。植物的嫁接，如同一场大型的器官移植手术。整套移花接木的工序必须在几分钟内完成，创口在空气中暴露的时间越短，水分流失得越少，新生命的成活率才会越高。小树枝条被移植到大树的母体，幼小与成熟完成了一次生命的对接。接下来，是它们进行融合与修复的时间，它们必须凭借自己的力量来重生。

负责输送养分的梅桩和负责吸收阳光的梅枝实现了一次合作，顺利的情况下，在第二年的春天，它们便会以新的姿态绽放出美丽的花朵。

苏州园林是劈梅最大的舞台。一段枯木上开出星星点点的梅花，劈梅所营造的，是枯荣相对的艺术之美。或许，自然的轮回和生命的顽强，就是劈梅盆景的审美源头，它促使人们在方寸之间，来赞美这种向死而生的坚韧。

中国人钟情早开的花朵，也迷恋不死的枯枝。这个历史上饱受苦难的民族，将自身的命运和一株乔木联系在了一起。坚韧、顽强和勇气，不仅是中国文化对梅花写下的注脚，也是中国人对自身的定义。

苏州人发明的劈梅，营造的是枯荣相对的艺术之美。

菊花：我花开后百花杀

秋天，群芳竞艳的季节已经过去，园林里的大部分植物，正准备进入冬季的休眠。秋日的园林舞台，即将迎来新的主角。

姗姗来迟的菊花，吸引了人们的目光。大约在 2000 年前，菊花出现在中国的庭园中。究竟是什么魅力，让这株草本植物在中国的园林中长开不败呢？

人类与菊花第一次相遇的时间已无从考证，但可以确定，最早种植菊花的是中国人。最初，它是季节的指示，指导着农业的耕作，是秋天的象征。而当它来到皇家的园林，它获得了更加尊贵的地位。

据文献记载，自明代起，北海公园就是专为皇家养育菊花的地方。如今，这里有个极负盛名的“菊花班”，养菊手艺传承自旧时宫廷。今天，第四代手艺传人刘展带领一批年轻人，只养殖菊花这一种植物。

他们保留下来的许多古老品种，就是几个世纪以前，在这座皇家园林中绽放的菊花。皇家喜爱菊花，一开始，是因为它最常见的一种颜色。《周礼》中载：“后服鞠衣，其色黄也。”金黄色，先是作为皇后服装的选择，后来成为皇家的专属。

在中国的农耕文明中，黄色代表土地。因此，在皇家园林里，菊花

菊花。

象征着国家社稷。而在日本，这株来自中国的花卉，成了日本皇室的专属标志。在这里，天皇被视为“天照大神”——太阳神的子孙。而菊花的形状，就像一颗放射着光芒的太阳。今天，它也成了日本的国徽。

灿烂的金黄色是菊花最原始的颜色，但黄色不是菊花唯一的选择。今天人们在园林中观赏的菊花，是经过不停杂交后诞生的物种。生长在山野间的那些黄色小花，皇家园林的菊花中那富贵的金黄色中相当多的基因来自一种纤小的花朵，它们是菊花的远房亲戚——一种菊科菊属的野生植物。

在中国，有 17 种野生的菊属植物，它们通过风或昆虫等多种形式，完成了复杂而广泛的自然杂交。它们是菊花原始的父亲和母亲，赋予了菊花变幻莫测的个性。而当人类介入了这一过程，菊花的品种数量，得到了几何倍数爆发式的增长。人们今天看到的菊花，它们的基因，已经经过

山野间的黄色小花，菊科，菊属植物。

了一代代的选择和重组。

为了得到一个全新的品种，人们在秋天为新品种挑选好父本和母本，然后进行人工杂交。收获的种子种下后，还需要一整年的等待和守候，才能看到这场游戏的结果。不过，这一切的付出都是值得的。菊花从来不让人类失望。无论人们栽培水平的高与低，到了秋天，它准会开花。

菊花复杂多变的基因，激起人类无限的想象力和创造欲。在这株植物面前，人是完完全全的创造者，人们喜爱新鲜的本性得到了满足。而菊花，借助人的力量，也壮大了自己的族群，成为中国园林中最重要的一种花卉，成功地征服了更广阔的舞台。

今天，菊花的品种数量之多，变异形态之丰富，为世界栽培植物之最。在世界鲜切花市场上，它是四大主要花卉之一。

全球的菊花品种有 2 万 ~3 万种，这个数字，还在年年增长。

它从秋季的田埂边，进入高雅的宫廷和文人的庭院，又凭借变化的力量，走向大众，走向世界。

6 世纪，中国的菊花传入日本；18 世纪，一个法国人将它带去了欧洲；19 世纪，罗伯特 · 福琼从中国带回了更丰富的菊花品种，令这种庭园之花在欧洲的花园大放异彩。

形态丰富的菊花。

园林：虽由人作，宛自天开

在今天的世界花园里，中国植物的身影越来越多。

在一两百年的时间里，来自世界各地狂热的植物追随者，不远万里，不惜代价，寻找并带走中国植物，这些植物在世界各地落叶生根。英国植物学家欧内斯特·威尔逊将中国比作“世界园林之母”，他曾写下：“我们的花园深深受惠于中国所提供的植物。”

走向世界的不仅是植物本身，中国人的造园思想，也随着植物的传播，以不同的方式影响了世界的园林。

在欧洲，数个世纪以来，人们将花园视作对自然的征服。

前往古老东方的探险家们，带回了这样一个信息：在中国，花园之美是一种对自然风光若即若离的模仿，因此，花园中植物的形态也更接近自然。

受到这股东方思潮的启蒙，18 世纪，英国的花园率先挣脱了秩序的桎梏，将植物从规则的形状中解放出来。英国风景式园林诞生了，它迅速席卷了欧美，并成为现代公园的雏形。

在日本，对园林的理解，对植物的塑造，也不可避免地受到中国的影响。

英国，比多福花园。

自 7 世纪起，从中国传入的植物和诗文，使日本开启了在庭院中栽树赏花的风气。

在植物中寻找艺术价值的同时，日本人也不断更新着他们的庭园，其中一个首要的特征，便是模仿中国的江南园林。

位于东京市中心的小石川后乐园，用来自中国的竹子、梅花、荷花等植物，配上湖山亭台，构建了一座洋溢着“中国趣味”的日本庭园。它也被日本人称为“小西湖”。西湖是日本庭园中一种特殊的灵感来源，在这个国家，保存着多个模仿西湖景致所建的园林。

在中国，被世界所憧憬的西湖，植物与人的和谐共生，已经持续了 1000 多年。

这座古老的大型公共园林，坐落于杭州这个繁华都市的中心，它是开放而游动的城市山林，湖光山色之间，植物描绘出了另一种自然。

这里是 3000 多种植物的家园，它们共同组成了西湖丰富的景观空间。文人园林、寺庙园林、皇家园林，以及各种形态的现代园林，在这里既互相呼应，又互不干扰，植物讲述着它们各自的故事。

从唐代第一次治理以来，西湖经历了 8 个朝代的更迭，12 个世纪的时光流逝。代代新生的植物，面临过危机，见证过历史，也承载着璀璨的文化。这里，曾启发了中国历史上无数的艺术创作，数不胜数的诗词名句诞生于这里的植物。

日本东京，小石川后乐园。

杭州西湖。

晓出净慈寺送林子方

宋·杨万里

毕竟西湖六月中，风光不与四时同。
接天莲叶无穷碧，映日荷花别样红。

山园小梅·其一

宋·林逋

众芳摇落独暄妍，占尽风情向小园。
疏影横斜水清浅，暗香浮动月黄昏。
霜禽欲下先偷眼，粉蝶如知合断魂。
幸有微吟可相狎，不须檀板共金樽。

钱塘湖春行

唐·白居易

孤山寺北贾亭西，水面初平云脚低。
几处早莺争暖树，谁家新燕啄春泥。
乱花渐欲迷人眼，浅草才能没马蹄。
最爱湖东行不足，绿杨阴里白沙堤。

诗人们是幸运的，他们在这里遇见了荷花，遇见了梅花，遇见了杨柳，遇见了枫树；而植物们也是幸运的，它们在这里遇见了白居易、苏东坡、林和靖、杨万里、柳永……植物与诗歌，与艺术，在这里生生不息，共同繁盛。

生活在这片山水间的人也是幸运的，植物之美启迪了璀璨的文化，而这些珍贵的精神遗产，将世世代代滋养中国人。

今天，当人们漫步西湖或者任何一座中国的园林，看到的一棵树、一朵花，也许都承载着一种使命。它们会培育人的性格，抚慰人的心灵，提升民族的审美，塑造文明的形态。

园林是植物的天堂，是艺术的摇篮，是人类文明发展史上的结晶与坐标。

今天，“园林”这个词汇，不再单独指向一片具体的土地。它象征着一种诗意的空间，带领着人们重新回到万物所在的自然之中。

过去的几千年里，有数千种园林植物从中国 35000 多种已知的植物中脱颖而出，来到人类的家园，与人类互相塑造，彼此成就。未来，或许还将有新的植物进入园林，再一次丰富人类的第二自然。

第十章

花卉之美

花，是开花植物生命中一个短暂的环节，却是后面所有发生一切的关键一步。先有花，才会有包含种子的果实，而种子，也代表了下一代。

在中国已知的35000多种植物中，有将近30000种开花，在这其中，因为花开而被人关注，并被栽种的植物超过1500种。在植物眼中，花是繁衍的器官；在昆虫眼中，花是食物的来源；在人类眼中，花是欲望的象征。花，撬动人们的审美、传递人们的情感、点亮人们的视野，也融入了各种美的想象。

大树杜鹃：森林的顶层物种

大树杜鹃是翘首杜鹃的一个变种，比普通杜鹃高大，在不断地进化中超越了自身的极限，在竞争激烈的森林中占有一席之地，成为众多科学家眼中的传奇。通常来说，八九米高的杜鹃树已很少见，而高黎贡山

大树杜鹃：杜鹃花科，杜鹃属。

大树杜鹃的蒴果，里面装满了
大树杜鹃的种子。

的大树杜鹃却远远超过了这样的高度，可达 25 米以上，已然跻身于森林顶层。在这片物种密集、竞争激烈的丛林，大树杜鹃创造了杜鹃花高度的纪录，成为森林顶层树种，吸引着众多科学家对它的关注。

在竞争激烈的森林中，即使是一捧土壤，其间的生物数量也是极其惊人的。大树杜鹃在这样茂密的丛林中尽情舒展枝丫，以抓取更多阳光，这是它数百年挣扎和坚持后赢得的特权。几百年的时光中，大树杜鹃究竟经历了什么，才从众多竞争者中脱颖而出？至今，这个生命的奇迹，仍吸引着众多科学家对它的关注。

大树杜鹃所结的蒴果，蒴果里的种子已经踏上了旅程，去寻找适合它们繁衍生息的家园。大树杜鹃的种子若是落在附近的荒草里，是没法发芽的，只有偶然落到竞争不是很激烈的地方，它才能发芽。丛林生存环境复杂，初来乍到的大树杜鹃的种子们，面对的世界并不友好。

从大树杜鹃的幼年开始，它就要面临着各种各样的灾难。幼年时期的它，叶片鲜嫩甜美，正是猎食者们难得的盘中餐，有幸逃过虫子的蚕

大树杜鹃的小苗。

食还不够，它们需要获取更多的能量。谁能抓取足够多的阳光，谁就能让自己的躯干更健壮。这是一个强者越强，弱者越弱的地方。正在成长的大树杜鹃树苗身高如果被同伴超越，从头顶射进来的太阳光会越来越稀少，自己平时也只能吃一些残羹剩饭，如果不迅速长大，其结果将是自己越来越虚弱，慢慢在阴暗中枯萎，腐烂，或最终化为同伴们的肥料。

青年期的大树杜鹃，已是万里挑一的佼佼者。但它们距离成熟、开花，还有 20 多米的距离，或者说还需要上百年的坚持，它才能跻身于森林的顶层。想要瓜分丛林上方的空间，还需要一些运气。不知需要等待多久，

青年期的大树杜鹃。

才会因为老树的倒下而露出一道窗口。而大多数树苗，也会在荫蔽的空间中逐渐枯萎，只有那些抢先占据窗口的幸存者，才有可能坚持到最后。

高黎贡山的这片大树杜鹃，能够打破杜鹃树生长的高度极限跻身于森林的高层，正是不断地竞争与博弈的结果，是植物生存欲望的体现，也是千百万年来生物演化的物证。

大树杜鹃将迎来一年中最重要的时刻，之前所有的积累、挣扎和博弈都是为了此时。大树杜鹃要开花了！在人类眼中，这是它最美的时刻。但是对于大树杜鹃来说，这是它最紧张的时刻，因为只有完成授粉，完成繁衍的任务，花才算完成了它的使命，才让它的传奇得以传承。

花朵里已经准备好香甜的花蜜，是大树杜鹃为传粉者准备的奖赏。大树杜鹃通常是在春节前后开花，这时气温偏低，并不容易见到蜜蜂、蝴蝶、飞蛾等传粉媒介的身影。那么，盛开在 25 米高的花朵究竟为谁而开？历经劫难的大树杜鹃，仍然在等待。

一种叫作丽色奇鹛的鸟儿，在享受大树杜鹃香甜花蜜的同时，它脖子上的羽毛会带走一部分花粉。随着它对不同花朵的造访，可以帮助大树杜鹃实现它的梦想，完成授粉，各取所需。它们相遇虽短暂，却结缘一生。

从一粒不及芝麻大的种子到参天大树，上百年的坚持才有了今天大树杜鹃的传奇。即使身处莽莽大山的深处，这样的传奇也终于因为人类的到来而被世界所认知。

始建于 1670 年的爱丁堡植物园，是英国第二古老的植物园，也是收集中国植物最多的植物园之一。尤其是杜鹃花科植物，其中绝大多数来自中国。而这一切，都离不开一位植物猎人毕生的投入。

大树杜鹃开花。

丽色奇鹛在大树杜鹃花朵间吸食花蜜。

100 多年前，英国植物学家、探险家乔治・福雷斯特（George Forrest）在中国云南进行了 7 次考察，采集了 30000 多份植物标本，仅杜鹃就收集了 400 多种。他最大的收获当属在高黎贡山发现了一种非常独特的杜鹃。

这一天看起来只是平常的一天。乔治・福雷斯特带着一支考察队伍在茂密的原始森林中跋山涉水，乔治突然发现远处有一棵奇特的大树：大树有将近十层楼高，挺立的枝头上顶着成簇的椭圆形叶片，十几枝巨大的漏斗形花朵聚集在一起，呈蔷薇色，在绿叶的簇拥下，显得格外艳丽。

它就是大树杜鹃。在当时已知的数百种杜鹃中，从未有过如此巨大的种类！欣喜若狂的福雷斯特无法带走它，但是为了向世人证明他见过这么大体量的杜鹃种类，于是雇来山民将这棵罕见的大树砍倒，并将树干锯成圆盘运走。时至今日，这块从“杜鹃花王”身上取下的巨大圆盘仍陈列在大英博物馆内。目前，在爱丁堡皇家植物园的档案馆内，也有这样一块标本。

福雷斯特在日记中这样写道：通过标本，我还是偏爱大树杜鹃的叫法，因为这才是最适合它的名字，它真的很大……

福雷斯特的发现成为轰动全世界的新闻，然而在福雷斯特之后，再也没有人见过这种神奇的植物。

直到半个多世纪后，中国植物学家重新开始了寻找大树杜鹃的旅程。最终，更多的大树杜鹃在高黎贡山被发现。

从 19 世纪中后期开始，中国大量的杜鹃花被引入西方，因其鲜亮的颜色备受青睐，它们改变了欧洲园林植物的栽培格局，于是，当地也有了“无杜鹃，不成园”的说法。

虽然花不是为了人类而开，但当人类认识到花为了绽放而付出的努力后，生命与生命之间的距离就开始拉近了，花与人的命运也就开始交织在一起……

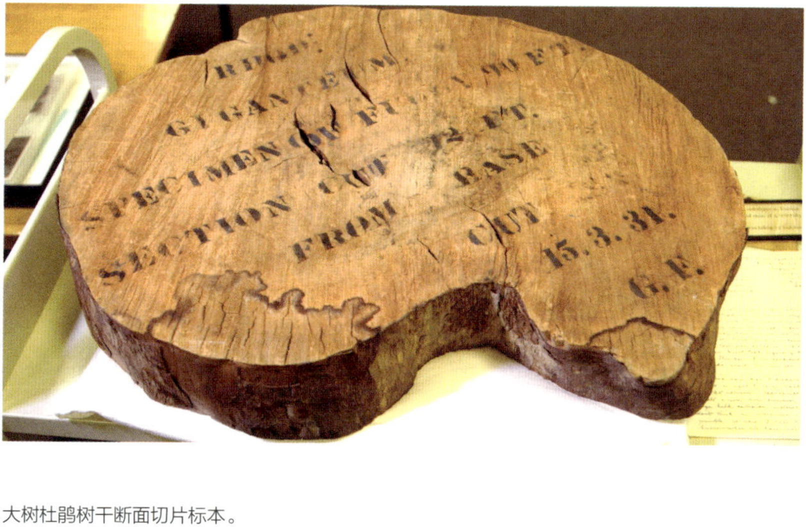

大树杜鹃树干断面切片标本。

绿绒蒿：离天堂最近的花

海拔 4900 米，11 月的白马雪山，呼啸的是风声，滚动的是碎石，几乎所有的植物都进入了休眠。当你爬上山，你会发现在这些岩石之上，生长着一些非常特殊的高山花卉，绿绒蒿就是其中最常见的一种。

绿绒蒿，还有一个名字叫喜马拉雅蓝罂粟。西方很多人为它魂牵梦萦，一说到绿绒蒿，欧美植物学家总是对中国西部充满神往。

我国的喜马拉雅——横断山区，是世界上绿绒蒿分布最集中的地区。对于中国人来说，绿绒蒿是大自然赠予我们的特殊礼物。遗憾的是，我们对绿绒蒿却知之甚少。

绿绒蒿有一个特点，就是在这种极端的环境下，生长得非常慢。绿绒蒿可以在雪线附近绽放，被称为“离天堂最近的花”。自从被介绍给世界后，不知有多少人不顾生命危险，只是为了接近它、了解它。

100 多年前，植物猎人威尔逊在中国西南发现了红花绿绒蒿，在他的描述中，“红色情侣”在灌丛中绽放，等待他的到来……

根据现代分子生物学的研究结果，绿绒蒿属是青藏高原地区特有的植物。绝大多数种类的绿绒蒿分布在中国。

年复一年，绿绒蒿家族的精灵们就在这里繁衍生息，从出生的那一

红花绿绒蒿：罂粟科，绿绒蒿属。

全缘叶绿绒蒿。

长叶绿绒蒿。

秀丽绿绒蒿。

宽叶绿绒蒿。

刻起，就直面高原给它们的一切，不管是阳光还是风雪，不管是丰沃还是贫瘠。

数亿年来，山体的演化不断地进行着，一块一块的岩石组成的斜坡被称为流石滩，这里可称为生命禁区。流石滩的结构很不稳定，滑动坍塌时的强大力量让植物们随时处于危险之中。同时，高海拔强烈的温度变化、常年强烈的紫外线照射以及季风带来的频繁雨雾，共同塑造了这里的生命景象。

人们无法想象绿绒蒿的种子如何在这样贫瘠的土壤中萌发，但从它

流石滩的石缝成为绿绒蒿的栖息地之一。

们幼嫩的小苗可以判断，它们只有将根深深扎入土壤，才能获得有限的营养。土壤，是大部分植物赖以生存的基本条件之一，然而在流石滩上，这样的基本需求并不容易满足。

在这里，一年中的霜冻期长达 8~10 个月，绿绒蒿想要在这里完成毕生的使命，是一件充满挑战的事情。除了流石滩的滑坡、寒冷和紫外线带来的伤害外，如果还能避免其他生物的踩踏和伤害，那么绿绒蒿的小苗也许能度过一个安稳的童年。从萌发到开花，绿绒蒿最长需要 10 年以上的积累和等待，只为一生中可能只有一次的花开。

长出花苞的绿绒蒿。

在长出花苞前，这株小苗面临的困难是能否挺过生命中那些寂寞和等待。而那些已经长出花苞的绿绒蒿，需要去等待一个最适合绽放的时间。

当生存环境进入全年最冷的时期，任何不稳定的因素，都可能对娇弱的绿绒蒿造成伤害。多数绿绒蒿一生只开一次花，即使积累足够，也不会轻易开放。毕竟流石滩上气候变化太过频繁，每朵花的开放都是孤注一掷。

面对高原气候的无常，这里的每一种植物都需要有保护自己的方式。

在这里，低着头的绿绒蒿并不少见。对于它们来说，这是一种守护的姿态，所以即使是迫于风雨，它们也心甘情愿。保护好花粉只是第一步，接下来，它们还需要想办法把花粉传播出去。

很多绿绒蒿并不生产花蜜，也不散发香味，但它们有自己的方式吸引传粉昆虫的到来。绿绒蒿花朵内部的温度通常高于外界，在寒冷的高原区域，花朵提供了庇护所，也就成为很多传粉昆虫的向往。

同时，这些昆虫也就成为绿绒蒿花粉粒最忠实的搬运工。在顶端授过粉的花朵并不急于凋谢，它们会尽量延长绽放的时间，希望能为后来开放的花朵，吸引更多昆虫的注意，帮助整个植株完成授粉。其实绿绒蒿已无力关注花瓣的去留，它们有更重要的事需要投入。

完成授粉的绿绒蒿，花瓣和雄蕊失去了原有的颜色，唯有中间绿色的被绒刺保卫的子房，显得生机勃勃，它开始孕育新的生命了。直到种子们成熟，离开母亲怀抱的时候，绿绒蒿才真正地走完了一生。

绿绒蒿能够适应高原的严苛环境，但在人类的花园中定居，却并不是一件容易的事情，目前人工栽培的绿绒蒿大多在专业机构的苗圃中。

不管是科学家的寻找与试验，还是植物育种者的探索与坚守，人类

低着头的绿绒蒿，是对花粉心甘情愿的守护。

在寒冷的高原区域，花朵内部为昆虫提供了庇护所。

不顾艰险去接近这种植物的生命，甚至去复制植物原产地的各种条件进行研究，就是希望把这种美留在身边。

花卉吸引了人类的视线，也牵扯了人类社会发展与变迁的轨迹。在为认知这些神奇的植物而付出努力后，人类也收获了科学的发展。

人与花在荒野中相遇，在科学中相知，伴随人类的足迹，越来越多的植物因为花朵的艳丽而被改变了命运。

牡丹：国色也是世界色

雅鲁藏布江的两岸温暖潮湿，栖息着一种植物的野生种群，它们是中国人最喜欢的花卉之一，是牡丹的近亲，也是少有的具有黄色基因的野生牡丹，它们就是大花黄牡丹。

大多数时候，牡丹的种子熟了，会就近跌落，可以享受母树的遮风挡雨。然而，这也恰恰限制了它们的未来。让昆虫们饱餐一顿往往是它们最终的归宿。但这种损失，牡丹还能够承受，它可以选择消耗更多的能量，生产更多的种子，去争取更大的生存概率。终究会有一些顺利躲过蚕食的种子，可以期待轮回的开始。

大花黄牡丹的种群就这样繁衍生息着，在大自然的法则中，它们一粒种子一粒种子地向外拓展着种群的生存范围。不知道经历了多久，时至今日，它们最大的生长区域的直径依然没有超过 200 米，直到人类的到来。

人工栽培牡丹的样态与野生牡丹不同，形态上有巨大的差异，它们更加符合今天人类的审美，花形硕大，花瓣繁复，颜色艳丽。人工培育的牡丹不需要考虑过大的花朵消耗太多的养分，可以在人类的照料下，恣意绽放。

中国，雅鲁藏布江。

牡丹文化的起源，距今已有至少2400多年，最早在《诗经》中，牡丹往往被作为爱情的信物而提及。除了用来观赏，牡丹还有着极高的药用价值。秦汉时期，牡丹被记入《神农本草经》，从此进入药物学。

而到了南北朝，北齐画家杨子华画牡丹，牡丹又进入艺术领域。

史书记载，隋炀帝在洛阳建西苑，诏天下进奇石花卉，其中就有进献牡丹的，此后牡丹被种植于西苑，由此进入园艺学的范畴。

关于牡丹的诗作大量涌现，出现在唐代。从李白的“云想衣裳花想容，春风拂槛露华浓”，到刘禹锡的“唯有牡丹真国色，花开时节动京城”，层出不穷，传为千古绝唱。到了宋代，牡丹甚至进入专著，欧阳修就写过《洛阳牡丹记》。总之，牡丹文化的构成非常广泛，几乎涵盖了所有文化领域。

毫不夸张地说，牡丹文化就是中华文化机体的一个细胞，透过它，便可洞察中华民族的一些脉络。

唐朝中国经济发达，社会稳定，在引种洛阳牡丹的基础上，长安的牡丹也得到了飞速的发展，甚至出现了专门种植牡丹的花师。长安之外，洛阳牡丹的种植也得到了迅猛发展，其规模丝毫不亚于长安。

牡丹被引入日本，也是自唐代开始。日本遣唐

大花黄牡丹：
芍药科，芍药属。

人工栽培的牡丹。

使回国后，将牡丹作为药用植物栽培，最初被种植在寺庙，后来扩散到民间。经过后期对牡丹进行的培植与改良，提高了其观赏价值。

欧洲人发现牡丹，是通过中国瓷器和刺绣上的图案。牡丹真正出现在欧洲，要到 18 世纪。在后来长期的培育中，欧洲有了自己的牡丹品种，最著名的有“伊丽莎白女王”“公爵夫人”等。

花卉生存的边界因为人类的喜好而被拓展，人类的世界因为花卉的绽放而缤纷多彩。中国超过 1500 种的观赏花卉都是这样而走进了人类的生活，并且还在不断深入着。

月季：以花止战的和平使者

18世纪，中国的月季搭乘货船抵达欧洲，由此改变了欧洲花园的样貌。

中国月季多次开花的属性，绚烂的色彩以及香甜的气味在欧洲引起了培育月季的狂热情绪。

月季在欧洲，与科学革命、资本主义、商业经济相遇，成就了它改变世界的契机。花成为商品，形成了庞大的产业，花的自然属性也越来越多地被人类的商业需求重新定义。

月季。

月季花瓣，光学显微镜 ×20。

传粉昆虫和人类的视觉系统并不一样，比如蜜蜂对红色并不敏感，所以很多时候，同一朵在人眼和蜜蜂眼中将形成两种不一样的形态。比如一些花朵表面有特殊图案，这些特殊图案人眼看不到，但是蜜蜂可以，也正是这些特殊图案，像机场指示牌一样，告诉蜜蜂花蜜的藏身之处，吸引蜜蜂的“降落”。所以作为植物生殖繁衍的器官，花朵其实最关心自己在传粉昆虫眼中的颜色。没有色彩前，植物更多依靠自己完成繁衍生息的历程。色彩的出现，让植物的生存策略有了极大的改变，尤其是人被花的色彩吸引之后。人对颜色的识别度与蜜蜂不同，人眼中的花朵更加色彩绚丽。

当人类的需求成为首要条件后，花卉的颜色被赋予了新的意义。人的欲望和创造力让花卉走得更远，人类可以依照自己的喜好对花的颜色、形状、香味等属性进行调整。在很多时候，花让人们觉得自己掌握了生命的奥秘，可以决定植物的命运。但其实，植物还有很多本能的反应是人们无法完成改变的。

在中国，每10枝月季里就有8枝出自云南。这里的月季以百万的数量单位被进行买卖。这些鲜花经过拍卖交易，销往世界各地。临近人类一些特定的重要节日，市场对花卉的需求就会大增，能够在合适时间绽放的月季将改变很多人的生活。然而，一些无法预测的因素，比如一次降温、一场大雪，则让所有的植物、所有的人都猝不及防。

月季对极端气候变化的反应，通常是长出一些泛红的叶子。如果是在营养积累的阶段，这是一件好事，但是此时，对于花农却是不愿看到的情况。当气温突然变冷，月季需要长出新的叶片来合成更多的能量，抵御低温带来的伤害，而不是消耗能量去开花，这是它无法被人类改变的求生的本能。即使是在人类温室中的月季，不需要它传粉，不需要它结果，它依然无法抗拒生命最顽固的本能——生存和繁衍。

一切不符合植物生命本能的人类安排，都可能引来植物的反抗。即使人类想尽办法来提供最好的生存条件，很多时候，月季还是更相信自己的选择。为了在低温环境中保护自己，很多月季没能在人类期许的时间内开花。

没有受到冰冻袭击的月季按时开放，这在物以稀为贵的人类社会，人们对花的价格就多了一些憧憬。在市场上，花的一切生命体征都被量化，成为影响交易价格的决定因素。那些因为人类喜好而筛选出来的不同的品种与样式，也造成了它们价格的高低差异。

花的自然属性与人类的创造力，共同造就了人类的花卉市场，即使是代表花的生存抗争经历而留下来的瘢痕也被量化，成为人们衡量价格的标准。它们在屏幕上显示，被人类接收、识别、判断，化成手部的一个动作。

带有不同标签的花卉，将被送往人类的手里。花的生老病死等自然的属性和反应，都让人类为之痴狂，不管是历史上的某一瞬间，还是此时此刻。

原产中国的月季，至今已有 2000 多年的栽培历史。相传，在神农时代，人们就把野月季采回家栽植。到了汉代，大量栽培月季进入宫廷花园，唐代时更为普遍。

《本草纲目》中有关于月季药用的记载，但中国记载栽培月季最早的文献是明代王象晋的《二如亭群芳谱》。据记载，当时月季早已成为随处可见的观赏花卉。明末清初，月季的栽培品种大大增加，清代陈淏子所著《花镜》，更记录了栽培繁殖月季的主要原则。

据《花卉鉴赏词典》记载，18 世纪，中国月季经印度传入欧洲。时值英、法两国交战，为保证这批月季能安全地抵达法国，交战双方竟达成暂时停战协定，由英国海军护送月季到拿破仑妻子约瑟芬手中。 中国月季由此改变了欧洲的花园。在欧洲园艺家手中，中国月季和欧洲蔷薇进行了杂交培育，产生了全新体系。

1945 年 4 月 29 日，在美国太平洋月季协会举办的展览会上，将月季的一个了不起的新品种命名为“和平”，并举办了命名仪式。

欧美各国现今栽培月季的水平已经很高超了，但这些栽培月季都是欧洲蔷薇与中国月季长期杂交选育而成的品种，因此，中国月季被称为世界月季之母。

蜀葵：以『医治』为名的丝路之花

端午花、一丈红、麻杆花、大红花、棋盘花、栽秧花、斗篷花、戎葵……

这种被中国不同地域的人用不同的名字来称呼的植物，它的学名是蜀葵，原产于四川在内的中国西南地区。

在众多产自中国的植物花卉中，蜀葵是最早被引种到西方的中国花卉之一。自从古老的丝绸之路开启后，蜀葵作为“一带一路”的见证者，又被誉为“丝路之花”，它比中国的菊花、牡丹、茶花、月季、杜鹃等花卉传入西方的时间早了两三个世纪。

15 世纪，人类自身的迁徙尚且艰难，蜀葵何以能成功跨越山河大海，绽放在陌生的土地上并最终穿越时空，留给后人寻找的线索呢？

是谁记录了这种花的传播呢？答案就在艺术作品中。

早在大概古罗马时期，人们就开始种植并观赏蜀葵，因为古罗马时期的壁画中已经出现了蜀葵。早期的欧洲艺术作品中，更是屡屡见到蜀葵的身影。蜀葵的美是跨越地域、种族、宗教和文明的，花不仅被认为是美丽的化身，更是被人类赋予了太多的情感。

蜀葵的传统寓意主要有两个：一个是与蜀葵较大的尺寸及盎然挺立的姿态相联系的高贵；另一个则是救赎。因为早在古代，人们就了解到

蜀葵：

锦葵科，蜀葵属。

蜀葵作为“一带一路”的见证者，又被誉为“丝路之花”。

蜀葵及其他锦葵科植物具有极高的药用价值。甚至蜀葵之名就来自希腊语中的“医治”一词。蜀葵无法完成信仰上救赎人类的任务，但人类看到了它与救赎相关的特性。这一刻，那朵为了蜜蜂盛开的蜀葵，与人类的信仰产生了共鸣。

蜀葵是一种生命力极强的植物，它不需要人类的培育就可以存活生长。时至今日，蜀葵已成为世界范围内分布最广泛的花卉之一。它的适应能力和药用价值共同成就了这一结果。

蜀葵的美丽令它享受了长久的荣耀。在中国花鸟画中，花色艳丽的蜀葵一直都是历代画家笔下的主题，从南宋的毛益到清代的王武，再到近现代的齐白石、徐悲鸿等画家，都创作过大量有关蜀葵的作品。在国外，蜀葵也出现在了凡·高、提香、莫奈等艺术家的画布上。蜀葵已经不单是自然的产物，更是人类创造力的呈现。

作为开花植物欲望象征的器官，花，不断开放，不断凋谢。为了留住与花相遇的美好，人类的创造力也因此而迸发。

最初，花的美丽让人驻足，让人想带其回家，放在身边点缀生活。从最初的简易插放到复原自然，再到更多创造性的表达，花成为人类行为、艺术、规则的源起。它们的颜色、形状、味道以及使用价值，都开始关联到人类的内心：祈祷或忏悔，憧憬或回忆，喜悦或遗憾。

在中国大地上，栖息着超过 35000 种植物，它们成就了中华文明，也丰富了世界文明的色彩，学会与它们相处，就是对未来最好的期许。